井冈山植物学野外实习手册

杨柏云　谭少林　主编

中国林业出版社
China Forestry Publishing House

内容简介

本书根植于南昌大学生命科学学院多年的植物学野外实习教学实践，收录了井冈山几条植物学野外实习路线的常见裸子植物 5 科 9 属 10 种，被子植物 101 科 253 属 394 种，每个物种都描述了鉴别特征、分布和用途，并配以彩色图片，供在井冈山开展植物学野外实习的师生使用。

图书在版编目(CIP)数据

井冈山植物学野外实习手册/杨柏云等主编. —北京：中国林业出版社，2023.1

　ISBN 978 - 7 - 5219 - 2094 - 9

Ⅰ.①井… Ⅱ.①杨… Ⅲ.①井冈山－植物学－教育实习－高等学校 Ⅳ.①Q94－45

中国国家版本馆 CIP 数据核字(2023)第 002485 号

策划编辑：曾琬淋
责任编辑：曾琬淋
责任校对：苏　梅
封面设计：时代澄宇
_____

出版发行　中国林业出版社
　　　　　(100009，北京市西城区刘海胡同 7 号，电话 010 - 83143630)
电子邮箱：cfphzbs@163.com
网址：www. forestry. gov. cn/lycb. html
印刷　河北京平诚乾印刷有限公司
版次：2023 年 1 月第 1 版
印次：2023 年 1 月第 1 次
开本：880mm×1230mm　1/32
印张：7　　　　彩插：52P
字数：210 千字
定价：52.00 元

《井冈山植物学野外实习手册》编委会

主　　编　杨柏云　谭少林
副主编　罗火林　张　忠　陈春泉
编写人员（按姓氏拼音排序）

　　　　　陈春泉（吉安市林业局）

　　　　　符清莉（南昌大学）

　　　　　李少凡（南昌大学）

　　　　　罗火林（南昌大学）

　　　　　邱　莉（南昌大学）

　　　　　谭少林（南昌大学）

　　　　　唐晓东（南昌大学）

　　　　　温莹莹（南昌大学）

　　　　　杨柏云（南昌大学）

　　　　　张　忠（井冈山国家级自然保护区）

前　言

生物学是一门认识生物及生物与生物之间、生物与环境之间相互作用规律的科学。人类对生物学规律的认识离不开野外科学考察。生物学野外实习是野外科学考察的预演，是生物学教学的重要环节，对生物学人才培养发挥着重要作用。生物学野外实习将课堂搬到了大自然，学生在这短短的数天时间里亲眼观察、记录和识别数百种生物物种。对于多数学生而言，这几天认识的物种很可能超过了除此之外他们整个大学阶段认识到的物种的总和，一些从未见到的物种从此不再陌生，一些仅在书本上见到的抽象的概念从此可以生动地呈现在脑海里。此外，生物学野外实习不仅是学生在教师的指导下学习和积累新知识的过程，还是学生积极主动地观察自然、发现问题并思考问题的过程，一些书本上没有记载的奇特的现象可能被发现，从而激起学生探索自然奥秘的浓厚兴趣。

认识植物物种是植物学野外实习的重要内容，然而植物学野外实习绝不等同于认识植物物种、说出物种名、描述形态特征，还包括了解植物演化历史、分布规律、种内和种间相互作用、对特定生境的适应、对环境变化的响应等方方面面的内容。如何在植物学野外实习这短短的几天时间里尽可能多地认识植物学及其相关学科的知识，对于学生来说是一项巨大的挑战。

井冈山保留了中国中部和东部地区为数不多的大面积典型常绿阔叶林原生植被，拥有较高的植物多样性，维管植物超过 3000 种，是开展植物学野外实习的理想基地。

本书根植于南昌大学生命科学学院多年的植物学野外实习教学实践，收录了井冈山几条植物学野外实习路线的常见裸子植物 5 科 9 属 10 种，被子植物 101 科 253 属 394 种，每个物种都描述了鉴别特征、分布和用途，并配以彩色图片，供在井冈山开展植物学野外实习的师生使用。本书裸子植物分类系统采用 GPG（Gymnosperm Phylogeny Group）系统（Christenhusz et al.，2010），被子植物分类系统采用 APG（Angiosperm Phylogeny Group Ⅳ）系统（Byng et al.，2016）。物种名和物种特征参照《中国植物志》及其英文版 *Flora of China*。

　　本书由杨柏云统筹协调和组织人员编写，内容框架由杨柏云和谭少林拟定。第 1、2、3 部分由谭少林完成；第 4 部分由谭少林、杨柏云、张忠、陈春泉和罗火林完成；第 5 部分的植物图片由张忠提供，科和物种的描述由谭少林、符清莉、李少凡、邱莉、唐晓东、温莹莹整理完成。全书由谭少林统稿。

　　本书的出版得到了南昌大学生命科学学院一流本科专业建设项目的资助。吉安市林业局和井冈山国家级自然保护区为我们的生物学野外实习工作提供了长期的大力支持，在此表示衷心感谢！

　　鉴于编者水平所限，书中疏漏之处在所难免，敬请广大读者指正。

编　者

2022 年 4 月

目　录

1 植物学野外实习概述

1.1 实习目的

（1）在野外实践中验证和巩固课堂上学到的基本概念、理论和方法，并对课堂上没有学到的知识进行扩展。

（2）培养植物学野外工作经验和能力，包括植物标本的采集和制作、采集信息的记录、检索表的使用和编写、物种的鉴定等。

（3）发现和认识实习区域的植物多样性、植被类型及特征、物种的分布规律、植物与环境以及植物与动物之间的相互作用规律。

（4）提高发现问题、分析问题和解决问题的能力。

（5）培养对大自然的热爱之情和保护意识，激发对植物学及相关学科的兴趣。

1.2 实习工具和材料

1.2.1 定位工具和材料

井冈山国家级自然保护区图纸、指南针、GPS卫星定位仪。

1.2.2 采集、记录工具和材料

枝剪、高枝剪、小铲、钢卷尺、树木胸径卷尺、塑封袋、吊牌、记号笔、记录本、DNA分子材料袋、变色硅胶、密封盒、数码相机、望远镜。

1.2.3 标本制作工具和材料

标本夹、瓦楞纸、报纸、热风机。

1.2.4 标本鉴定工具

放大镜、解剖镜、解剖针、镊子。

1.2.5 鉴定参考资料

《中国植物志》、地方植物志、植物图志。

1.3 实习纪律

听从带队老师的统一安排，不单独行动；不吸烟；不采摘、食用野生果实；不饮用野外溪水；不下河游泳；不在悬崖边拍照；不去没有路的草丛或树林；尊重当地的风俗习惯；不与他人发生冲突。

1.4 实习安全

1.4.1 实习中的个人日常用品、防护品及药物

（1）实习中的个人日常用品、防护品

水和食物、登山鞋或运动鞋、长袖衣裤、长筒袜、帽子（防蜂和防蚊子的帽子最好）、防护品（如防晒霜、驱蚊花露水等）、手机、手电筒。过敏体质者可戴上口罩。

（2）实习中可能用到的药物

晕车药、感冒药、腹泻药、外伤药或用品（如碘酒、双氧水、冷敷用的冰袋等）、抗过敏药、驱虫药、驱蛇药、蛇咬伤药等。

1.4.2 实习中可能出现的安全问题

（1）晕车

晕车应以预防为主。乘车之前要有充足的睡眠，不宜过度劳累，不宜过饱或饥饿。容易晕车的同学坐在车的前几排靠窗的座位，开窗透气。乘车途中不宜看手机或看书。若有必要，出发之前可服用晕车药。

（2）雷雨天气

若遇雷雨天气，尽量避免外出活动。如果实习途中突然出现雷

雨天气，应就近寻找避雷处，如民宅、山间、山崖下。如果没有合适的避雷处，可在地势低洼处躲避，将身上携带的金属物件放在距离人较远的地方，将手机、GPS卫星定位仪关闭。

（3）山火

实习过程中严禁吸烟、生火。如果遇到山火，应在第一时间报警。如果火势较小，可以在保证自身安全的前提下利用周围的水源迅速扑灭山火；如果火势较大，则应尽快远离山火，向低海拔空旷处撤离。

（4）山洪

下雨天应避免在河道、河堤及其边缘行走，避免从被水淹没的危桥通过。如果因为意外掉进洪水，不要慌张，努力抓住岸边的植物或石头。如果落水地点不在岸边，则抓住水面上的木头等漂浮物，并奋力游向岸边，同时发出求救呼声。

（5）溺水

实习过程中严禁下水。如果有不会游泳的同学不慎掉进水里，落水者不要慌张，保持放松的状态，仰面朝上，手不可伸出水面，而应放在水里，以增加浮力，尽量让口、鼻露出水面呼吸。会游泳的老师和同学立即下水营救，应从落水者后方以仰泳的方式将其向岸边拉，以免被紧张过度的落水者紧紧抱住使营救者自身处于危险之中。

（6）中暑

中暑是由于环境温度过高，人体体温调节中枢功能发生障碍，汗腺功能衰竭和水、电解质丢失过多而引起的以中枢神经和心血管功能障碍为主要表现的急性疾病，严重时可致晕厥、休克。实习过程中应穿着轻便、透气、浅色的衣服，及时补充水分，预防中暑。若出现中暑症状，应及时到阴凉处休息，并通过冰袋、湿毛巾给头部和四肢降温。若体外降温无效，可饮用4℃生理盐水进行体内降温，并及时联系医护人员。

（7）迷路

在地形复杂、雾气浓厚、视野不好的时候容易迷路，同行的人要保持紧密的联系，不可走散。若发现自己迷路，要保持镇定，不可惊慌失措。若手机有信号，则试图通过参考手机上的地图软件等找到返回的路，并与基地取得联系。若手机无信号，则运用指南针、GPS卫星定位仪等工具进行定位，找到返回的路。必要时用纸片标记走过的地方。若无果，则要在夜晚降临之前找到一个可以安全度过夜晚的避难所。

（8）擦伤

小面积擦伤可用碘酒涂抹消毒，保持伤口清洁干燥即可。大面积擦伤可用双氧水冲洗，若创面有泥沙，可用干净的毛刷清洁，然后用干净的纱布包扎。

（9）扭伤

扭伤是由于关节过猛扭转而撕裂附着在关节外面的关节囊、韧带和肌腱造成的，常发生于踝关节、手腕等处。发生扭伤后应先就地休息，然后在扭伤后几分钟之内进行冷敷，一般冷敷 30min。扭伤 24h 后可进行热敷，每天两次，一次 20min。还可使用跌打损伤药物，外用药物最好是在受伤一两天之后使用。

（10）骨折

发生骨折时，首先打电话通知带队老师和校医，然后打 120 急救电话请求救援。骨折伴有开放伤口或出血时，应先止血、消毒和包扎伤口，再予以固定。脊椎骨折往往非常严重，严禁不经固定而乱搬动，应原地等待救援。

（11）出血

如遇外伤出血，应及时消毒、包扎。轻微出血可采用压迫止血法，1h 后每间隔 10min 左右要松开一下，以保证血液循环；若出现大量出血，如静脉出血或动脉出血，首先要打 120 急救电话，通知带队老师和校医，同时尽可能设法止血，原地等待救援。

（12）蛇咬

蛇一般不会主动攻击人，只要给予机会，一般会选择逃走。只有它们面临的威胁太近时，才会发起攻击。然而，也有一些蛇特别是毒蛇，感知到周边环境震动后并不逃逸；还有的蛇具有保护色，与周围环境的颜色相似，如竹叶青在竹林或者绿色的树枝、树叶上就很难被发现，因此要特别小心。

野外实习时，除应穿长袖衣裤、长筒袜、高帮鞋外，还要手持木棍。如果遇草丛，先用木棍敲击，打草惊蛇，使蛇逃逸。如果遇蛇，则拉开与蛇的距离，待蛇逃逸之后再继续前行。

若被蛇咬伤，不要惊慌失措，同行的人搀扶伤者躺下，使伤者少活动，以减缓血液循环速度。拍照，尽可能第一时间确定遇到的蛇是什么物种、毒性强度如何，为自行处理伤口和医院制订有针对性的治疗方案提供依据。如果被毒蛇咬伤，用绷带、布条、手帕等缚扎伤口以上的近心端，以减缓毒素的扩散速度，同时需注意不要缚扎得太紧，以免造成组织坏死。

（13）蜂蜇

若在野外无意之间经过蜂巢附近，可能会被蜂群围攻。为避免被蜂群攻击，野外实习时应沿着已有的道路行走，尽量不要去开辟新的路径，以免碰到蜂窝。避免使用可能会吸引蜂类的带芳香的化妆品。穿浅色长袖衣裤。备防蜂帽，如果遇到蜂群攻击，可立即戴上。若无防蜂帽，则用衣物护住裸露在外面的脸部、脖子等紧要部位，同时逃跑。如果被蜂蜇伤，可先用经过高温消毒的针或镊子将毒针拔出来，然后用苏打水、牛奶甚至尿液涂抹伤口，中和毒性，再用冷水湿透毛巾，敷在伤口，减轻疼痛。

（14）蜱虫叮咬

蜱虫会传播森林脑炎等上百种疾病。若遇蜱虫叮咬，不可强行拔出来，否则可能致使蜱虫的头部断裂在皮肉内。可用酒精、醋酸等滴在蜱虫上，或用火烧，使其主动脱落。

（15）蚂蟥吸血

蚂蟥分为水蚂蟥和旱蚂蟥。旱蚂蟥生活在陆地上潮湿的草丛、小灌木、枯枝落叶上，在牲畜较多的地方旱蚂蟥也较多。在旱蚂蟥较多的地方，除要穿上长袖衣裤、长筒袜并将裤腿套在袜子里，还要在长筒袜和鞋子外面撒上盐。若发现蚂蟥在吸血，切勿生硬拔下来，以免把蚂蟥的口器留在皮肉内。最好的办法是用盐涂抹在蚂蟥身上，蚂蟥很快会脱落下来，然后用酒精涂抹伤口进行消毒。

（16）过敏

敏感体质者应避免接触漆树等会引起过敏反应的植物；对花粉过敏的同学避免接触植物花朵，必要时可戴上口罩。

2 植物学野外实习内容

2.1 认识植物分类阶元和分类系统

2.1.1 植物分类阶元

植物界共有 23 个分类等级，构成了"盒中盒"式的分类阶层系统，每个物种在这个分类阶层系统中都占有唯一的位置。表 1 展示了小叶川滇蔷薇所处的分类系统位置。

表 1　小叶川滇蔷薇所处的分类系统位置

分类阶元				植物分类群举例	
中文	英文	拉丁文	词尾	中文	拉丁文
植物界	Vegetable Kingdom	Regnum vegetable		植物界	Regnum vegetable
门	Division	Divisio，Phylum	phyta	被子植物门	Angiospermae
亚门	Subdivision	Subdivisio	phytina		
纲	Class	Classis	opsida	木兰纲	Magnoliopsida
亚纲	Subclass	Subclassis	idea	蔷薇亚纲	Rosidae
目	Order	Ordo	ales	蔷薇目	Rosales
亚目	Suborder	Subordo	ineac	蔷薇亚目	Rosineae
科	Family	Familia	aceae	蔷薇科	Rosaceae
亚科	Subfamily	Subfamilia	oideae	蔷薇亚科	Rosoideae
族	Tribe	Tribus	eae	蔷薇族	Roseae
亚族	Subtribe	Subtribus	inae	蔷薇亚族	Rosinae
属	Genus	Genus		蔷薇属	*Rosa*
亚属	Subgenus	Subenus		蔷薇亚属	*Rosa*
组	Section	Sectio		合柱组	*Synstylae*
亚组	Subsection	Subsectio			
系	Series	Series		全缘托叶系	*Brunonianae*
亚系	Subseries	Subseries			
种	Species	Species		川滇蔷薇	*Rosa soulieana* Crép.
亚种	Subspecies	Subspecies			
变种	Variety	Varietas		小叶川滇蔷薇	*Rosa soulieana* var. *microphylla* Yü et Ku
亚变种	Subvariety	Subvarietas			
变型	Form	Forma			
亚变型	Subform	Subforma			

2.1.2 植物分类系统

植物分类系统经历了人为分类、进化分类、数量分类、分支分类等不同发展阶段。现代植物分类学整合了形态学、显微结构、特征化学成分和生物大分子序列等多方面的证据，揭示植物类群之间真实的演化关系。过去影响力比较大的被子植物分类系统有恩格勒系统、哈钦松系统、塔赫他间系统和克朗奎斯特系统等。许多植物标本馆是按照恩格勒系统对标本进行归类的，也有植物标本馆以其他分类系统对标本进行归类。随着 DNA 测序技术和系统发育分析方法的发展，基于系统发育和形态证据的被子植物分类系统 APG 系统于 20 世纪末诞生。该系统在最近 30 多年得到了快速的发展，得到国际植物学界的广泛认可，也逐渐被大众所认识。近年来，一些国外的标本馆已用 APG 系统代替原来的分类系统，对馆藏的被子植物标本进行分类存放。

2.2 植物标本采集和制作

植物标本是开展植物分类学、植物地理学、生态学和其他学科相关研究的凭证和基础。因此，植物标本的采集和制作是植物学野外实习最重要的内容之一。

2.2.1 标本采集

（1）采集前拍照和记录

如果确定要采集某种植物的标本，采集之前要用相机拍摄照片，包括生境、植株整体及各个部位的特写照片，尤其重要的是花部和果实的特写照片，并且用 GPS 卫星定位仪记录该植株所处位置的经、纬度和海拔信息。

（2）采集部位

应当选择生长状况良好、没有被虫食、正处于繁殖阶段的植株或树枝进行标本采集，这是因为繁殖阶段的植株性状一般是鉴别近缘物种的关键性状。

草本植物：尽量采集完整的植株，包括根、茎、叶、花、果实和种子。对于蕨类植物，应当叶和根状茎一同采集，因为根状茎是蕨类植物物种鉴定的重要特征。

木本植物：采集包含叶、花和果实的花果枝，必要时还应采集树皮。雌雄异株或异花植物分别采集雌、雄株的标本或包括雌、雄花的标本。

（3）采集后保存

将写有采集号的吊牌系在采集的标本上。对于容易萎蔫的植物，采集后应立刻压制标本。对于其他植物，可先用塑封袋封装，以减少标本失水，从野外回来的当天进行标本压制。

小贴士

• 保证标本的长、宽为 30～40cm，比瓦楞纸稍小。标本不宜太小，否则可能缺少某些鉴别特征。标本也不宜太大，从而造成浪费，并对植株造成不必要的损伤。

• 采集号由"字母＋数字"组成。一个采集小组采集的所有标本其采集号是唯一的，最好做到区别于其他组的采集号。每种植物的标本采集 2 份，一份作为自己学校的标本馆馆藏，另一份用于与其他标本馆进行标本交换。

• 标本采集信息要尽可能记录清楚，包括采集号、采集日期、采集人、采集地、生境、经度、纬度、海拔、生长习性、形态特征（如株高、胸径）等。

植物标本采集记录

采集号：_____　　采集日期：_____　　采集人：_____

采集地：_____

生境：_____

经度：_____　　纬度：_____　　海拔：_____

生长习性：_____

株高：_____ 　　胸径：_____ 　　物候：_____

根：_____

茎：_____

叶：_____

花：_____

果实：_____ 　　种子：_____

野外鉴定：科_____属_____种_____

附记：_____

2.2.2　标本压制

将标本夹于略小于瓦楞纸的报纸中，尽可能舒展开来，减少重叠，然后用瓦楞纸压在正上方。叶片正、背两面都应采集标本。标本大小应小于报纸，但不能太小，以 35cm 左右为宜。较长的藤本植物可以采用"V"字形摆放，或者压制成两份。特别小的植物，一份标本可以压制多个植株。如果标本厚薄相差很大，可用报纸垫在薄处。

2.2.3　标本干燥

压制好的植物标本如果不进行干燥处理，就会发霉，从而失去保存价值。标本干燥的方法有吸水纸干燥和加热干燥。

（1）吸水纸干燥

吸水纸干燥是早期植物标本干燥的主要方法。将吸水纸放在夹着标本的报纸两面，用瓦楞纸夹和标本夹捆紧，隔一段时间更换吸水纸，直到标本完全干燥。该方法的优点：标本较为结实，易于保持原本的颜色，且之后从标本上取叶片用作 DNA 分子试验的材料也是可以的。缺点：更换吸水纸的次数多，工作量大。

（2）加热干燥

加热干燥是近年来较为普遍的标本干燥方法。报纸与瓦楞纸之间不用铺吸水纸，用标本夹捆紧标本之后，放在烘箱中烘干，或者用热风机烘干即可。一般经过 24h 可以完全干燥。该方法的优点：快速、高效、省时、省力，适合大规模的标本采集。缺点：标本容易变色、变脆，且一般不能在标本上取叶片用作 DNA 分子试验的材料。

2.2.4 上台纸

将干燥好的标本装订到台纸上，贴上采集标签。

2.3 植物标本鉴定

植物标本鉴定是根据植物标本的形态特征确定其物种名称的过程。一般通过检索《中国植物志》或地方植物志的检索表、与模式标本进行比对、请教植物分类学专家等方法进行鉴定。鉴定完成之后，在台纸上贴上鉴定标签，包括物种中文名、学名、鉴定人、鉴定日期等信息（图 1）。消毒杀虫之后，就可以存放到标本馆永久保存。

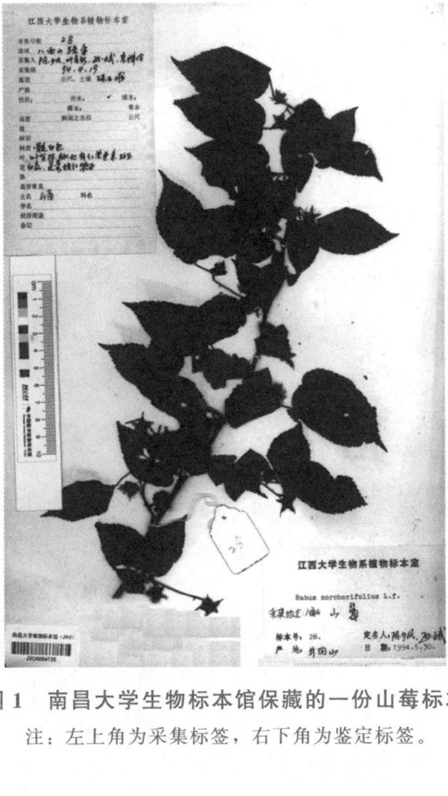

图 1　南昌大学生物标本馆保藏的一份山莓标本

注：左上角为采集标签，右下角为鉴定标签。

2.4 植物分类检索表制作

检索表是鉴定生物类群的工具，一般为二歧分类检索表，即根据一对或多对区别特征，将所有生物类群分成 2 个分支，并指向下一级分支，再根据另外一对或几对区别特征，分成 2 个下一级分支。如此继续编排下去，直到编排出囊括所有生物类群的分类检索表为止。

常用的检索表形式为定距式或平行式。以下以高等植物为例，展示这两种类型的检索表。

定距式检索表：

1. 植物无种子，以孢子繁殖。

  2. 小型绿色植物，仅有茎、叶之分或为扁平的叶状体，没有真正的根，没有维管束 …………………………… 苔藓植物

  2. 中型或大型草本，很少为木本，有根、茎、叶的分化，有维管束 …………………………… 蕨类和石松类植物

1. 植物有种子，以种子繁殖。

  3. 胚珠裸露，不包于子房内 …………………………… 裸子植物

  3. 胚珠包于子房内 …………………………… 被子植物

  平行式检索表：

1. 植物无种子，以孢子繁殖 …………………………………… 2

1. 植物有种子，以种子繁殖 …………………………………… 3

2. 小型绿色植物，仅有茎、叶之分或为扁平的叶状体，没有真正的根，没有维管束 …………………………… 苔藓植物

2. 中型或大型草本，很少为木本，有根、茎、叶的分化，有维管束 …………………………… 蕨类和石松类植物

3. 胚珠裸露，不包于子房内 …………………………… 裸子植物

3. 胚珠包于子房内 …………………………… 被子植物

示例

井冈山常见的 10 种唇形科植物检索表

1. 灌木，掌状复叶，核果 ·· 荆条
1. 草本，单叶或羽状复叶，坚果 ······································· 2
2. 花萼漏斗状；小坚果长圆形或卵状三棱形 ················· 3
2. 花萼漏管状、筒状或钟状；小坚果卵形、长卵形或椭圆形 ······ 4
3. 具匍匐茎；叶匙形、倒卵状披针形或倒披针形至长圆形
   ·· 金疮小草
3. 无匍匐茎；叶卵状椭圆形至狭椭圆形 ················· 筋骨草
4. 小坚果 1，核果状 ······································· 毛药花
4. 小坚果 4 ··· 5
5. 总状花序，花萼钟状 ····································· 韩信草
5. 聚伞花序或轮伞花序，花萼管状或筒状或钟状 ········· 6
6. 羽状复叶；雄蕊 2，另有 2 枚雄蕊退化 ············· 南丹参
6. 单叶；雄蕊 4，或 2，另有 2 枚雄蕊退化 ············· 7
7. 雄蕊 2，另有 2 枚雄蕊退化，花冠稍超出花萼，轮伞花序密集
   近球形 ·· 邻近风轮菜
7. 雄蕊 4，花冠长度是花萼长度的数倍 ····················· 8
8. 聚伞花序排成总状，花萼钟状，花冠紫蓝色；叶卵形至
   披针形 ·· 出蕊四轮香
8. 轮伞花序，花萼管状 ······································· 9
9. 叶心形或近肾形；轮伞花序通常 2 花 ··················· 活血丹
9. 叶卵形至阔卵形；轮伞花序通常 8 花，生于枝顶，偏向一侧
   ·· 紫花香薷

3 井冈山生物学野外实习基地概况

罗霄山脉位于湘赣边界,南北走向,南抵南岭,北接长江,南北长 517km,是一条连接中亚热带和南亚热带的通道。罗霄山脉是中国东部地区的生物多样性热点地区之一,拥有野生种子植物 227 科 1174 属 4739 种,植物区系成分复杂,孑遗和特有植物丰富。历史上古冰川只抵达罗霄山脉以北的庐山,并未抵达罗霄山脉,这是罗霄山脉得以保存大量孑遗植物物种和中国特有属的原因。

井冈山地区位于罗霄山脉中段,地理位置为 $113°56'30''\sim114°18'28''$ E、$26°13'04''\sim26°52'30''$N,面积 70 874hm²,包括江西井冈山、七溪岭、南风面和湖南桃源洞 4 个自然保护区。井冈山地区的最高峰为南风面,海拔 2120.4m,也是罗霄山脉的最高峰。井冈山地区为中亚热带湿润季风气候区,气候温和,年平均气温 17.1℃,最热月(7 月)平均气温 23.9℃,极端最高温 36.7℃,最冷月(1 月)平均气温 3.4℃,极端最低温—11.0℃;雨量充沛,年平均降水量为 1889.8mm,最大降水量为 2878.8mm,最小降水量为 1297.4mm。

井冈山国家级自然保护区在地质上属于扬子古板块与华夏古板块结合带南东侧的华夏古板块北西缘,在气候上属于中亚热带湿润季风区,在植被地理上属于古北界—中国亚热带省,在植被地理区划上属于东亚植物区系,保存着典型的季风常绿阔叶林,拥有极为丰富的孑遗种、珍稀濒危物种和中国特有物种,是亚洲东部冰期重要的生物避难所之一。在植被方面,井冈山国家级自然保护区典型的地带性植被为中亚热带常绿阔叶林。在低海拔、沟谷地区常形成亚热带季风雨林,中海拔为中亚热带常绿针叶林、常绿阔叶林、常绿针阔混交林,近山顶为亚热带山地矮曲林、灌草林。共包括常绿阔叶林等 14 个植被类型、90 个植被群系。记载野生高等植物 323

科 1290 属 3745 种。其中苔藓植物 67 科 183 属 432 种；蕨类植物 46 科 104 属 355 种；种子植物 210 科 1003 属 2958 种，包括裸子植物 9 科 17 属 23 种，被子植物 201 科 986 属 2935 种。种子植物中，包括东亚特有科 7 科，中国特有科 5 科，中国特有属 44 属；中国特有种 1146 种，隶属于 131 科 423 属；珍稀濒危植物 201 种，隶属于 46 科 111 属；孑遗植物 181 种，隶属于 77 科 122 属。有大量孑遗种形成了大片面积的孑遗植物群落，包括资源冷杉群落、白豆杉群落、穗花杉群落、南方红豆杉群落、长柄双花木群落、大果马蹄荷群落、青钱柳群落等。除此之外，井冈山地区还是毛泽东同志等老一辈革命家亲手创建的第一个革命根据地，至今仍保存有许多历史文化遗迹，人文景观十分丰富，是我国进行革命传统教育和爱国主义教育的重要基地。

4 井冈山常见种子植物科的特征

4.1 裸子植物

银杏目 Ginkgoales

银杏科 Ginkgoaceae 落叶乔木，有长枝与短枝。叶扇形，有长柄。雌雄异株；雄球花具梗，柔荑花序状，雄蕊多数，每雄蕊具2花药，药室纵裂；雌球花具长梗，梗端有2个环形的珠领，着生直生胚珠。种子核果状，具长梗，下垂；外种皮肉质，中种皮骨质，内种皮膜质。

松目 Pinales

松科 Pinaceae 常绿或落叶乔木，有长枝与短枝。针形叶，2~5针一束。花单性，雌雄同株；雄球花具多数螺旋状着生的雄蕊，每雄蕊具2花药；雌球花由螺旋状着生的珠鳞和苞鳞组成，珠鳞的腹面基部具2枚倒生胚珠，珠鳞与苞鳞分离。球果成熟时，种鳞与苞鳞离生，种鳞的腹面基部有2颗种子。

柏目 Cuppressales

罗汉松科 Podocarpaceae 常绿乔木或灌木。叶多形。球花单性，雌雄异株，稀同株；雄球花穗状，雄蕊多数，螺旋状排列，每雄蕊具2花药；雌球花单生于叶腋或苞腋或枝顶，直生胚珠由囊状或杯状的套杯包围。种子核果状或坚果状，全部或部分为肉质或较薄而干的假种皮所包。

红豆杉科 Taxaceae 常绿乔木或灌木。叶条形或披针形，叶背面沿中脉两侧各有1条气孔带。球花单性，雌雄异株，稀同株；雄球花单生或组成穗状花序，雄蕊多数，每雄蕊具3~9花药；雌球花单生或对生，直生胚珠 1 枚，基部被盘状或漏斗状珠托包被。种子核果状或坚果状，包于杯状肉质假种皮中，胚乳丰富，子叶 2 枚。

柏科 Cuppressaceae 常绿乔木或灌木。叶鳞形或刺形。球花单性，雌雄同株或异株；雄球花具 3～8 对交叉对生的雄蕊，每雄蕊具 2～6 花药；雌球花有 3～16 枚交叉对生或 3～4 片轮生的珠鳞，苞鳞与珠鳞完全合生。球果成熟时不开裂或仅顶端微开裂。

4.2 被子植物

木兰藤目 Austrobaileyales

五味子科 Schisandraceae 乔木、灌木或木质藤本。单叶互生。花单性，雌雄同株或异株（五味子属、南五味子属），或两性花（八角属）；花被片(5)7 至多枚；雄蕊 4 至多枚；雌蕊多数，螺旋状着生在花托上（五味子属、南五味子属），或单轮排列，单侧压扁。小浆果聚合成穗状（五味子属）或球状（南五味子属），或蓇葖果排成一轮（八角属）。

金粟兰目 Chloranthales

金粟兰科 Chloranthaceae 草本、灌木或小乔木。单叶对生，叶柄基部合生；托叶小。花小，两性或单性，穗状花序、头状花序或圆锥花序；两性花具雄蕊 1 枚或 3 枚，花丝不明显，药隔发达；雌蕊 1 枚，由 1 心皮所组成，子房下位。核果，内果皮硬。

木兰目 Magnoliales

木兰科 Magnoliaceae 乔木或灌木。单叶互生，全缘，很少分裂；托叶大，早落，留下托叶环痕。花两性，单生于枝顶或叶腋；同被花，花被片花瓣状；雄蕊和雌蕊多数，螺旋状着生于伸长的花托上；子房上位，心皮多数，离生，罕合生。蓇葖果。

番荔枝科 Annonaceae 乔木、灌木或攀缘灌木。木质部通常有香气。有叶柄，无托叶。花两性，辐射对称，有苞片或小苞片；下位花；萼片 3，少数 2；花瓣 6 枚，2 轮，每轮 3 枚；花药 2 室，纵裂，药室毗连；心皮 1 至多数，离生；每心皮有胚珠 1 至多枚，1～2 排。有假种皮，有胚乳和微小的胚。

樟目 Laurales

樟科 Lauraceae 常绿或落叶，乔木或灌木，仅有无根藤属（*Cassytha*）为缠绕性寄生草本。树皮通常有芳香，木材十分坚硬。叶全缘，极少有分裂，有多数含芳香油或黏液的细胞；无托叶。花序有限，花小，通常芳香，花被片开花时平展或常近闭合。核果或浆果。

胡椒目 Piperales

马兜铃科 Aristolochiaceae 草质（或木质）藤本、灌木或多年生草本。根、茎和叶常有油细胞。叶片全缘或 3～5 裂，无托叶。花两性；花被花瓣状，1 轮；雄蕊 6 至多数，1 或 2 轮；花药 2 室，平行；外子房下位，4～6 室；胚珠每室多枚，倒生。蒴果。种子多数，胚乳丰富，胚小。

三白草科 Saururaceae 多年生草本，茎具明显的节。单叶。花两性，苞片显著，无花被；雄蕊 3、6 或 8 枚，花药 2 室、纵裂；雌蕊由 3～4 心皮所组成，每心皮有胚珠 2～4 枚，花柱离生。种子有内胚乳。

菖蒲目 Acorales

菖蒲科 Acoraceae 多年生草本，具匍匐根状茎。叶 2 列，基部鞘状，互相套叠。肉穗花序，外被叶状的箭形佛焰苞；花两性，花被片 6；雄蕊 6，花丝长线形，与花被片等长；子房上位，2～3 室，每室胚珠多数。浆果，藏于宿存花被之下。

泽泻目 Alismatales

天南星科 Araceae 多年生草本。富含苦味水汁或乳汁。花小，常极臭；肉穗花序，花序外面有佛焰苞包围；子房上位或稀陷入肉穗花序轴内，1 至多室；花柱不明显，柱头各式。浆果。种子 1 至多数，内种皮光滑；胚乳厚，肉质。

薯蓣目 Dioscoreales

沼金花科 Nartheciaceae 多年生草本。叶常基生。总状花序、伞房花序或聚伞花序，花具1枚苞片和1枚小苞片；花被片6，基部合生；雄蕊6～9；子房上位、半下位至下位，花柱1。蒴果室背开裂。

水玉簪科 Burmanniaceae 一年生或多年生草本，通常为腐生植物，茎纤细。花两性，花被基部连合呈管状，具翅；花被裂片6，2轮；雄蕊6或3枚，花丝短，花药隔宽，药室纵裂或横裂；子房下位，3室，每室胚珠多数；花柱1，柱头3。蒴果。种子多数而小，具膜质外种皮，有胚乳。

薯蓣科 Dioscoreaceae 缠绕草质或木质藤本，具根状茎或块茎。花单性或两性，雌雄异株。雄花花被片6，2轮排列；雄蕊6枚，有时其中3枚退化。雌花花被片与雄花相似；子房下位，3室，每室通常有胚珠2，胚珠着生于中轴胎座上；花柱3，分离。蒴果、浆果或翅果；蒴果三棱形，每棱翅状，成熟后顶端开裂。

百合目 Liliales

菝葜科 Smilacaceae 攀缘状灌木。叶有掌状脉3～7条，叶柄两侧有卷须。花单性，雌雄异株，伞形花序；花被裂片6，2列而分离；雄蕊6，花丝分离或合生成一柱；子房上位，3室，每室有下垂的胚珠1～2枚；雌花中有退化雄蕊。浆果。

百合科 Liliaceae 多年生草本，具根状茎、块茎或鳞茎。花两性，辐射对称；花被片6，离生或不同程度合生（成筒）；雄蕊通常与花被片同数；药室2，纵裂；心皮合生或不同程度离生；子房上位，一般3室，具中轴胎座，每室具1至多数倒生胚珠。蒴果或浆果，较少为坚果。

天门冬目 Asparagales

天门冬科 Asparagaceae 多年生草本，具鳞茎、球茎或根状茎。总状花序、穗状花序、圆锥花序或聚伞花序；花被片6，稀为4，离生或不同程度合生；雄蕊6，稀为4或3；子房上位，稀为下位(龙舌兰族)，3室，中轴胎座。蒴果或浆果。

兰科 **Orchidaceae**　多年生草本，具根状茎、假鳞茎。花两侧对称；花被片6，2轮；萼片离生或不同程度合生；子房下位，1室，侧膜胎座，除子房外整个雌、雄蕊器官完全连合成蕊柱；花粉黏合成花粉块。果实通常为蒴果，具极多种子。种子细小，无胚乳。

禾本目 Poales

莎草科 **Cyperaceae**　多年生草本。花序多种多样；小穗单生，具2至多数花；花两性或单性，雌雄同株，着生于鳞片(颖片)腋间，鳞片复瓦状螺旋排列或2列；雄蕊3枚，少有1～2枚，花丝线形，花药底着；子房1室，具1枚胚珠；花柱单一，柱头2～3个。果实为小坚果，三棱形、双凸状、平凸状或球形。

禾本科 **Poaceae**　木本或草本。须根，茎直立。单叶互生，1/2叶序交互排列为2行。花无柄，在小穗轴上交互排列为2行，小穗组合成为着生在秆端或枝条顶端的各式各样的复合花序，子房内1枚倒生胚珠。颖果，果皮质薄而与种皮黏合。

鸭跖草目 Commelinales

鸭跖草科 **Commelinaceae**　一年生或多年生草本。茎有明显的节和节间。叶互生。花顶生或腋生，两性；萼片3枚；花瓣3枚，分离；雄蕊6枚，全育或仅2～3枚能育而1～3枚退化；子房3室，每室有1至数枚直生胚珠。蒴果。种子大而少数。

姜目 Zingiberales

姜科 **Zingiberaceae**　多年生(少有一年生)地生(少有附生)草本。有具芳香的根状茎。基部具鞘。叶片较大，叶鞘的顶端有明显的叶舌。花两性；花被片6枚，2轮，外轮萼状；退化雄蕊2或4枚，能育雄蕊1枚，花药2室；子房下位，3室，胚珠多数；花柱1枚，具缘毛。蒴果。

毛茛目 Ranunculales

木通科 **Ladizabalaceae**　木质藤本，稀灌木，木质部有宽大的髓射线。冬芽大。花辐射对称，萼片花瓣状，6枚，排成2轮；花瓣6；雄蕊6枚，花药外向，2室，纵裂；退化心皮3枚。果不开裂或沿向轴的腹缝开裂。种子多数，或仅1颗。

小檗科 Berberidaceae 灌木或多年生草本。花两性，辐射对称；花被3基数，萼片6～9，常花瓣状，离生，2～3轮；花瓣6；雄蕊与花瓣同数而对生，花药2室，瓣裂或纵裂；子房上位，1室。浆果、蒴果、蓇葖果或瘦果。种子1至多数，富含胚乳。

毛茛科 Ranunculaceae 一年生或多年生草本。花两性，辐射对称；萼片下位，4～5；雄蕊下位，多数，螺旋状排列；花药2室，纵裂；心皮分生，胚珠多数。蓇葖果或瘦果。种子有小的胚和丰富胚乳。

罂粟科 Papaveraceae 一年生、二年生或多年生草本，稀为亚灌木、小灌木或灌木，极稀乔木状（但木材软）。有乳汁或有色液汁。主根明显，无托叶。花两性；萼片2，分离，覆瓦状排列，早脱；花瓣2倍于花萼，4～8枚排列成2轮；雄蕊多数，分离；花药直立，2室，药隔薄，纵裂；子房上位，由2至多数合生心皮组成，侧膜胎座，胚珠多数。蒴果。种子细小，胚小，胚乳油质，子叶不分裂或分裂。

山龙眼目 Proteales

山龙眼科 Proteaceae 乔木或灌木。无托叶。花两性，稀单性；花被片4枚；雄蕊4枚，着生花被片上，花丝短，花药2室，纵裂，药隔常突出；腺体或腺鳞通常4个；心皮1枚，子房上位，1室，胚珠1～2枚或多枚；花柱细长，不分裂，顶部增粗，柱头小。子叶肉质，胚根短，无胚乳。

清风藤科 Sabiaceae 乔木、灌木或攀缘木质藤本。花两性或杂性异株；萼片5枚；花瓣5枚，大小相等；雄蕊5枚，稀4枚；花药2室，花盘小；子房上位，通常2室，每室有半倒生的胚珠2或1枚。核果由1或2枚成熟心皮组成，1室，不开裂。种子单生，无胚乳。

黄杨目 Buxales

黄杨科 Buxaceae 常绿灌木、小乔木或草本。单叶。花小，整齐；无花瓣，单性，有苞片；雄花萼片 4，雌花萼片 6，均 2 轮，覆瓦状排列；雄蕊 4，与萼片对生；花药大，2 室，花丝多少扁阔；雌蕊通常由 3 心皮组成，子房上位，3 室，每室有 2 枚并生、下垂的倒生胚珠；花柱 3，常分离，宿存，具多少向下延伸的柱头。蒴果或核果。

虎耳草目 Saxifragales

金缕梅科 Hamamelidaceae 常绿或落叶乔木或灌木。有明显的叶柄，托叶线形，或为苞片状。雌雄同株，异被，辐射对称，少数无花被；萼裂片 4～5 枚，花瓣与萼裂片同数；雄蕊 4～5 枚，花药通常 2 室，直裂或瓣裂，药隔突出；子房 2 室，花柱 2，胚珠多数。蒴果。种子多数。

交让木科 Daphniphyllaceae 常绿灌木或小乔木。单叶互生，无托叶。花小，单性，无花瓣，雌雄异株。核果。

景天科 Crassulaceae 草本、半灌木或灌木。有肥厚、肉质的茎、叶。聚伞花序，花两性，辐射对称；花各部常为 5 数或其倍数，萼片宿存，花瓣分离，雄蕊 1 轮或 2 轮，心皮与萼片或花瓣同数，花柱钻形。蓇葖果。种子小，胚乳不发达或缺。

虎耳草科 Saxifragaceae 草本（通常为多年生）、灌木、小乔木或藤本。单叶或复叶，互生或对生，一般无托叶。通常为聚伞花序、圆锥花序或总状花序，稀单花；花两性，花被片 4～5 基数，雄蕊 5～10；心皮 2，稀 3～5；胚珠通常多数，2 至多列，具 1～2 层珠被，孢原为单细胞。蒴果或浆果。种子具丰富胚乳，胚小。

葡萄目 Vitales

葡萄科 Vitaceae 攀缘木质藤本。有托叶。花小，4～5 基数；萼片细小，花瓣与萼片同数；雄蕊与花瓣对生；子房上位，通常 2 室，每室有胚珠 2 枚。浆果。有种子 1 至数颗，胚小。

酢浆草目 Oxalidales

酢浆草科 Oxalidaceae 一年生或多年生草本。根状茎肉质。小叶全缘。花两性，辐射对称；萼片 5；花瓣 5，旋转排列；雄蕊 10

枚，2轮，5长5短，外轮与花瓣对生；雌蕊由5枚合生心皮组成，子房上位，5室，每室有1至数枚胚珠；花柱5，离生，宿存。蒴果或肉质浆果。

杜英科 Elaeocarpaceae 常绿或半落叶木本。叶为单叶，互生或对生。花单生或排成总状或圆锥花序，两性或杂性；萼片4～5枚，分离或连合，通常镊合状排列；花瓣4～5枚，镊合状或覆瓦状排列，先端撕裂或全缘；雄蕊多数，分离，花药2室；子房上位，2至多室，每室胚珠2至多枚；花柱连合或分离。核果或蒴果。

金虎尾目 Malpighiales

古柯科 Erythroxylaceae 灌木或乔木。单叶互生，稀对生。花簇生或聚伞花序，两性，稀单性雌雄异株，辐射对称；萼片5，基部合生，近覆瓦状排列或旋转排列，宿存；花瓣5，分离；雄蕊5、10或20，花丝基部合生成环状或浅杯状；雌蕊由3～5心皮合生组成，子房3～5室，通常2室不发育或全发育，发育的每室有悬垂胚珠1～2枚。核果或蒴果。

藤黄科 Clussiaceae 乔木或灌木，具黄色胶汁。叶为单叶，全缘。聚伞花序或伞状花序，花两性或单性，辐射对称，花瓣(2)4～5(6)；雄蕊多数，合生成4～5(10)束；子房上位，1～12室，具中轴或侧生或基生的胎座。蒴果、浆果或核果。

堇菜科 Violaceae 多年生草本、半灌木或小灌木。单叶，常互生；托叶小或叶状。花两性或单性，辐射对称或两侧对称，单生或穗状花序、总状花序、圆锥花序，花5基数；雄蕊5；子房上位，1室，侧膜胎座。蒴果浆果状。

杨柳科 Salicaceae 落叶乔木或灌木。单叶互生，全缘；托叶鳞片状或叶状。花单性，雌雄异株；柔荑花序，先叶开放，花着生于苞片与花序轴间；雄蕊2至多数；子房1室，侧膜胎座，柱头2～4裂。蒴果2～4(5)瓣裂。

大戟科 Euphorbiaceae 乔木、灌木或草本。植株具有内生韧皮部及乳汁管，乳汁管无节，乳汁白色。单叶。总状花序、穗状花序或特化的杯状聚伞花序；苞片基部通常具有2个腺体；萼片覆瓦状排列，或无花萼，而由 4～5 枚苞片连合呈花萼状总苞；无花瓣；花盘中间无退化雄蕊或无花盘；雄花在花蕾中通常直立；子房 2～4 室，稀 1 室，每室有胚珠 1 枚；花柱分离或基部合生。蒴果，通常开裂为 3 个 2 片裂的分果爿；或果实浆果状，不开裂。

叶下珠科 Phyllanthaceae 乔木、灌木或草本。植株无内生韧皮部及乳汁管，稀有乳汁管组织，乳汁呈红色或淡红色。单叶，稀三出复叶。花序各式；萼片通常 5；有花瓣及花盘，或只有花瓣，稀花瓣及花盘均缺；雄蕊少数至多数，通常分离，花粉粒双核；通常有退化雌蕊，子房 3～12 室，每室有胚珠 2 枚。果实为蒴果、核果或浆果状，爿裂或不开裂。

桃金娘目 Myrtales

野牡丹科 Melastomataceae 草本、灌木或小乔木。单叶，对生或轮生；通常为 3～5(7) 基出脉，侧脉常平行。花两性，辐射对称，通常为 4～5 数，呈聚伞花序、伞形花序、伞房花序，或组成圆锥花序或蝎尾状聚伞花序；花萼与子房基部合生，常具隔片；花药 2 室，常单孔开裂；子房下位或半下位，中轴胎座或特立中央胎座。蒴果或浆果，通常顶孔开裂。

缨子木目 Crossosomatales

省沽油科 Staphyleaceae 乔木或灌木。叶对生或互生，奇数羽状复叶或稀为单叶，有锯齿。花两性或杂性，花 5 基数；雄蕊 5；子房上位，3 室。果实为蒴果状，常为蓇葖果、核果或浆果。

旌节花科 Stachyuraceae 灌木或小乔木，有时为攀缘灌木，落叶或常绿。单叶互生，膜质至革质，边缘具锯齿；托叶线状披针形，早落。总状花序或穗状花序腋生；花小，整齐，两性或雌雄异株，花 4 基数；雄蕊 8 枚，2 轮，花丝钻形，花药"丁"字着生；子房上位，4 室，中轴胎座。浆果。

无患子目 Sapindales

漆树科 Anacardiaceae 乔木或灌木。单叶互生，掌状三小叶或奇数羽状复叶。花小，辐射对称，圆锥花序顶生或腋生；通常为双被花，花萼多少合生，花瓣 3～5，子房上位。果多为核果。

无患子科 Sapindaceae 乔木或灌木，有时为草质或木质藤本。羽状复叶或掌状复叶，互生。聚伞圆锥花序顶生或腋生；花小，单性或杂性，辐射对称或两侧对称；花瓣 4 或 5，内面基部通常有鳞片或被毛；花盘肉质；子房上位，通常 3 室，中轴胎座，少为侧膜胎座。果为室背开裂的蒴果。

棟科 Meliaceae 乔木或灌木。叶互生，常羽状复叶。花两性或杂性异株，辐射对称，通常组成圆锥花序，常 5 基数；雄蕊 4～10；子房上位，2～5 室。蒴果、浆果或核果。

芸香科 Rutaceae 常绿或落叶乔木，灌木或草本，通常有油点。叶互生或对生，单叶或复叶。花两性或单性，辐射对称；聚伞花序，稀总状花序或穗状花序；萼片 4 或 5 枚；花瓣 4 或 5 枚；雄蕊 4 或 5 枚，或为花瓣数的倍数，花药纵裂，药隔顶端常有油点；子房上位，中轴胎座。蓇葖果、蒴果、翅果、核果或浆果。

锦葵目 Mavales

瑞香科 Thymelaeaceae 落叶或常绿灌木或小乔木。茎通常具韧皮纤维。单叶互生或对生，革质或纸质，全缘。花辐射对称，头状花序、穗状花序、总状花序、圆锥花序或伞形花序；花萼通常为花冠状，常连合成钟状、漏斗状、筒状萼筒；子房上位。浆果、核果或坚果。

锦葵科 Malvaceae 草本、灌木至乔木。单叶互生，叶脉通常掌状，具托叶。花腋生或顶生；花两性，辐射对称；萼片 3～5 枚，花瓣 5 枚，雄蕊多数，子房上位。蒴果。

十字花目 Brassicales

叠珠树科 Akaniaceae 常绿或落叶乔木。奇数羽状复叶，叶边缘具齿或无。花白色或粉色，柱头小。蒴果。

豆目 Fabales

豆科 Fabaceae 乔木、灌木、亚灌木或草本，直立或攀缘。常有能固氮的根瘤。叶常互生，常为一回或二回羽状复叶。花两性，辐射对称或两侧对称；花被 2 轮；萼片（3～）5（～6）；花瓣（0～）5（～6），常与萼片的数目相等，或有时构成蝶形花冠；花药 2 室，纵裂或有时孔裂；子房上位，侧膜胎座。荚果。

远志科 Polygalaceae 一年生或多年生草本，或灌木，或乔木，罕为寄生小草本。单叶，有托叶。萼片 5，其中 2 枚常为花瓣状；花瓣不等大，下面 1 瓣为龙骨状；花丝合生成 1 鞘。蒴果。

蔷薇目 Rosales

蔷薇科 Rosaceae 草本、灌木或乔木。叶互生，单叶或复叶，有明显托叶。花两性，周位花或上位花；萼片与花瓣同数，通常 4～5，覆瓦状排列，萼片有时具副萼；雄蕊 5 至多数，花丝离生；心皮 1 至多数，花柱与心皮同数。蓇葖果、瘦果、梨果或核果。

胡颓子科 Elaeagnaceae 灌木或攀缘藤本。全株被银色或金褐色盾形鳞片。单叶全缘。单被花，花被管状。瘦果或坚果。

大麻科 Cannabaceae 乔木或灌木，稀为草本或草质藤本。单叶，互生或对生，基部偏斜或对称，羽状脉、基出 3 脉或掌状分裂。单被花，两性或单性，雌雄同株或异株；花被裂片（0）4～8；雄蕊常与花被裂片同数而对生；子房上位，通常 1 室。果常为核果，稀为瘦果或带翅的坚果。

桑科 Moraceae 乔木、灌木或藤本，稀草本。常有乳汁。单叶互生，有托叶。花小，单性，单被，4 基数。聚花果。

鼠李科 Rhamnaceae 灌木、藤状灌木或乔木，稀草本。单叶。花瓣着生于萼筒上，并与雄蕊对生，花瓣常凹形，花盘明显。常为核果或翅果。

荨麻科 Urticaceae 草本。茎皮纤维发达，叶内有钟乳体。花单性，单被，聚伞花序。核果或瘦果。

葫芦目 Cucurbitales

葫芦科 Cucurbitaceae 藤本。卷须生于叶腋。单叶互生，稀鸟足状复叶。花单性，花药药室常曲形，子房下位。瓠果。

秋海棠科 Begoniaceae 常肉质草本。常具根状茎或块茎。单叶互生，基部歪斜，两侧常不对称。花单性，雌雄同株，腋生的二歧聚伞花序；子房下位，常具棱或翼，中轴胎座，稀侧膜胎座，花柱柱头常扭曲。蒴果或浆果。

壳斗目 Fagales

壳斗科 Fagaceae 乔木，稀灌木。单叶互生，羽状脉直达叶缘，托叶早落。子房下位。坚果，包于壳斗（木质化的总苞）内。

杨梅科 Myricaceae 常绿或落叶乔木或灌木，具芳香，被树脂质腺体。单叶互生，具羽状脉。花单性，风媒，无花被，无梗，生于穗状花序上。雄花单生于苞片腋内，雄蕊2至多数；花药直立，卵形，2药室分离。雌花在每一苞片腋内单生，常具2~4小苞片；雌蕊由2枚心皮合生而成，无柄；子房1室。核果小坚果状。

胡桃科 Juglandaceae 乔木。羽状复叶。单性花，雄花序柔荑状，子房下位。坚果核果状或具翅。

桦木科 Betulaceae 落叶乔木。单叶互生。花单性，雌雄同株；雄花序为柔荑花序，每一苞片内有雄花3~6朵；雌花为圆锥形球果状的穗状花序，2~3朵生于每一苞片腋内。坚果有翅或无翅。

檀香目 Santalales

檀香科 Santalaceae 草木或灌木，稀小乔木。常为寄生或半寄生。单叶，互生或对生，有时退化呈鳞片状，全缘。花小，辐射对称，两性或单性；花被1轮，常稍肉质；子房下位或半下位，1室或5~12室，特立中央胎座。核果或小坚果。

石竹目 Caryophyllales

蓼科 Polygonaceae 草本，稀灌木或乔木。节膨大。单叶互生，全缘；托叶在节部形成托叶鞘包茎。小坚果三棱形或凸镜形，包于宿存的花萼中。

　　石竹科 Caryophyllaceae　一年生或多年生草本。茎节常膨大，具关节。单叶对生，全缘；托叶膜质。花辐射对称，两性，排列成聚伞花序或聚伞圆锥花序；萼片 5，宿存；花瓣 5，瓣片全缘或分裂；雄蕊 10；雌蕊 1，子房上位，特立中央胎座或基底胎座。蒴果。

　　商陆科 Phytolaccaceae　草本或灌木。单叶互生，全缘。花小，两性或有时退化成单性(雌雄异株)，辐射对称或近辐射对称；花被片 4～5，叶状或花瓣状；雄蕊数目变异大，4～5 或多数；子房上位。果实肉质，浆果或核果。

山茱萸目 Cornales

　　蓝果树科 Nyssaceae　落叶乔木。单叶互生。头状花序、总状花序或伞形花序，花单性或杂性；子房下位，1 室或 6～10 室。核果或翅果，顶端有宿存的花萼和花盘。

　　山茱萸科 Cornaceae　落叶乔木或灌木。单叶对生，常羽状脉，全缘或有锯齿。花两性或单性异株，为圆锥花序、聚伞花序、伞形花序或头状花序等，花 3～5 数；花萼管状，与子房合生；花瓣 3～5，雄蕊与花瓣同数而与之互生；子房下位，1～4(5)室。核果或浆果状核果。

　　绣球花科 Hydrangeaceae　灌木或草本。单叶，对生或互生，常有锯齿，羽状脉或基脉 3～5 出。花两性或杂性异株，总状花序、伞房花序或圆锥状复聚伞花序顶生；萼筒与子房合生，萼裂片 4～5(8～10)；花瓣 4～5(8～10)；雄蕊 4 至多数；子房 1～7 室，中轴或侧膜胎座。蒴果。

杜鹃花目 Ericales

　　凤仙花科 Balsaminaceae　一年生或多年生草本，稀附生或亚灌木，茎通常肉质。单叶，螺旋状排列，对生或轮生。花两性，两侧对称；萼片 3，稀 5 枚，下面倒置的 1 枚萼片(亦称唇瓣)大，花瓣状，通常呈舟状、漏斗状或囊状，基部渐狭或急收缩成具蜜腺的距；花瓣 5 枚；雄蕊 5 枚；雌蕊 4 或 5 心皮；子房上位，4 或 5 室，每室具 2 至多数倒生胚珠。蒴果成熟后弹裂。种子无胚乳。

五列木科 Pentaphylacaceae 常绿乔木或灌木。单叶，螺旋状排列，托叶宿存。花小，两性，辐射对称，排列成腋生假穗状或总状花序；萼片 5，不等长，圆形；花瓣 5，白色，厚，基部常与雄蕊合生；雄蕊 5，花药顶孔开裂；子房上位，5 室。蒴果。

报春花科 Primulaceae 多年生或一年生草本。茎直立或匍匐，具互生、对生或轮生之叶，或无地上茎而叶全部基生，并常形成稠密的莲座丛。花两性，辐射对称；雄蕊多少贴生于花冠上；子房上位，仅 1 属（水茴草属 *Samolus*）半下位，特立中央胎座。蒴果。

山茶科 Theaceae 常绿木本。单叶互生。花单生或簇生；有苞片，5 基数；雄蕊多数，数轮，常花丝基部合生而成数束雄蕊；中轴胎座。蒴果或核果。

山矾科 Symplocaceae 灌木或乔木。单叶互生，无托叶。花辐射对称，穗状花序、总状花序、圆锥花序或团伞花序，合瓣花，冠生雄蕊，子房下位或半下位。核果或浆果，顶端冠以宿存的花萼裂片。

安息香科 Styracaceae 乔木或灌木。单叶互生，无托叶。总状花序、聚伞花序或圆锥花序；花两性，辐射对称；小苞片小或无，常早落；花冠常合瓣。核果或蒴果，稀浆果。

猕猴桃科 Actinidiaceae 乔木、灌木或藤本。毛被发达，多样。单叶互生，无托叶。花序腋生，聚伞花序或总状花序；花两性或雌雄异株，辐射对称；萼片常 5 枚；花瓣 5 枚或更多；雄蕊 10，2 轮；中轴胎座。浆果或蒴果。

杜鹃花科 Ericaceae 灌木或乔木，有具芽鳞的冬芽。单叶革质，少有纸质，互生，无托叶。花单生或组成总状花序、圆锥花序或伞形总状花序，辐射对称或略两侧对称；花萼宿存，合瓣花，子房上位或下位，雄蕊生于下位花盘的基部，花药孔裂。多蒴果。

丝缨花目 Garryales

杜仲科 Eucommiaceae 落叶乔木。叶互生，单叶，具羽状脉，无托叶。花雌雄异株，无花被，先花后叶。雄花簇生，雄蕊 5～10

枚；雌花单生，心皮合生，胚珠 2 枚。翅果。

龙胆目 Gentianales

茜草科 Rubiaceae 乔木、灌木或草本。单叶对生或有时轮生，通常全缘，具叶间托叶。花序各式，均由聚伞花序复合而成，合瓣花；子房下位，2 室，通常为中轴胎座，花柱顶生。浆果、蒴果或核果。

龙胆科 Gentianaceae 一年生或多年生草本。单叶，稀为复叶，对生，少有互生或轮生；无托叶。聚伞花序或复聚伞花序，有时为单花；花两性或单性，辐射状或两侧对称；花萼筒状、钟状或辐状；2 心皮，子房上位，1 室，侧膜胎座；腺体或腺窝着生于子房基部或花冠上。蒴果。

夹竹桃科 Apocynaceae 乔木，直立灌木或木质藤本，也有多年生草本。具乳汁或水液。单叶对生或轮生，羽状脉；通常无托叶或退化成腺体。花两性，辐射对称，单生或组成聚伞花序，顶生或腋生；冠生雄蕊；子房上位，稀半下位。浆果、核果、蒴果或蓇葖果。

茄目 Solanales

旋花科 Convolvulaceae 草本、亚灌木或灌木，常为藤本。植物体常有乳汁。叶互生，螺旋排列，无托叶。花单生于叶腋，两性花，有苞片，萼片常宿存，合瓣花，开花前旋转状，子房上位，有花盘，中轴胎座。蒴果或浆果。

茄科 Solanaceae 多草本。单叶互生。花萼宿存，果时常增大；雄蕊冠生，与花冠裂片同数而互生，花药常孔裂；心皮 2，合生。浆果或蒴果。

紫草目 Boraginales

紫草科 Boraginaceae 多为草本，稀灌木或乔木。叶常单叶或互生，无托叶。常聚伞花序或镰状聚伞花序，花两性，常辐射对称，5 基数；花萼合生，大多宿存；花冠筒状、钟状、漏斗状或高脚碟状；雄蕊 5；雌蕊 2 心皮，2 室，每室 2 胚珠。核果或小坚果，无胚乳。

唇形目 Lamiales

木犀科 Oleaceae 乔木、直立或藤状灌木。叶常对生，单叶、三出复叶或羽状复叶，无托叶。花整齐，辐射对称，聚伞花序、圆锥花序、总状花序或伞形花序，顶生或腋生；花萼通常 4 裂；花冠 4 裂；雄蕊 2；子房上位，2 心皮组成 2 室，每室常 2 胚珠。翅果、蒴果、核果、浆果或浆果状核果。

苦苣苔科 Gesneriaceae 多年生草本，常具根状茎、块茎或匍匐茎，或为灌木，稀为乔木。单叶常基生或对生，无托叶。通常为双花聚伞花序，通常左右对称，花冠常唇形，冠生雄蕊，花药常成对连着，子房 1 室，侧膜胎座，倒生胚珠。蒴果。

车前科 Plantaginaceae 一年生、二年生或多年生草本。单叶螺旋状互生，通常排成莲座状，基部成鞘，无托叶。花单生于苞片腋部，穗状花序，风媒，少数为虫媒；花 4 基数；子房上位，2 室，中轴胎座。蒴果。

玄参科 Scrophulariaceae 常草本、灌木。单叶，常对生，无托叶。总状花序、穗状花序或聚伞状花序，左右对称，花被 4 或 5，常为二强雄蕊，心皮 2 室。蒴果，少有浆果状。

爵床科 Acanthaceae 常草本、灌木或藤本。叶对生，无托叶，节部常膨大。花两性，左右对称，具苞片，通常组成总状花序、穗状花序或聚伞花序；花冠合瓣，花常唇形；发育雄蕊 4 或 2，通常为二强雄蕊；子房上位，2 室，中轴胎座。蒴果。种子常具钩。

马鞭草科 Verbenaceae 灌木或乔木，有时为藤本，极少数为草本。叶对生。穗状花序或聚伞花序，花萼宿存；花冠合瓣，多左右对称；雄蕊 4，冠生；子房上位，花柱顶生。核果或蒴果。

唇形科 Lamiaceae 常草本，含芳香油。茎四棱。叶对生。花冠唇形，轮伞花序，雄蕊 4 枚，二强雄蕊，2 心皮，子房裂成 4 室，花柱生于子房裂隙的基部。4 个小坚果。

列当科 Orobanchaceae 一年生、二年生或多年生寄生草本。不含或几乎不含叶绿素。叶鳞片状，螺旋状排列或近覆瓦状，总状花序、穗状花序或近头状花序，花两性，雌蕊先熟；苞片1枚；花冠左右对称；二强雄蕊；雌蕊2～3心皮合生，子房上位，侧膜胎座，胚珠2至多数。蒴果。

冬青目 Aquifoliales

冬青科 Aquifoliaceae 乔木或灌木。单叶互生，稀对生。花小，辐射对称，单性，稀两性，单生或成束生于叶腋内；花萼3～6裂；花瓣4～5，分离或于基部合生。浆果状核果。

菊目 Asterales

桔梗科 Campanulaceae 多年生草本，很少一年生。有乳汁。单叶互生，稀对生或轮生。聚伞花序，常两性，大多5数，辐射对称或两侧对称；花萼5裂；合瓣花冠，两侧对称；雄蕊5枚；子房下位或半上位，花柱单一，胚珠多数。蒴果或浆果。

菊科 Asteraceae 草本、亚灌木或灌木。有时有乳汁管或树脂道。叶通常互生，稀对生或轮生，无托叶。花两性或单性，头状花序，整齐或左右对称，有总苞，合瓣花，花冠常辐射对称，5基数，聚药雄蕊，子房下位。连萼瘦果。种子无胚乳。

伞形目 Apiales

海桐花科 Pittosporaceae 常绿乔木或灌木。叶互生或偶为对生，多数革质，常全缘，无托叶。花常两性，辐射对称，稀左右对称，花5基数，单生或为伞形花序、伞房花序或圆锥花序，有苞片；子房上位，心皮常2～3枚。蒴果或浆果。

五加科 Araliaceae 乔木、灌木或木质藤本。叶互生，稀轮生。花整齐，两性或杂性，伞形花序，常再组成圆锥状，花5基数；花药长圆形或卵形，"丁"字状着生；子房下位。浆果或核果。种子通常侧扁，胚乳均一或嚼烂状。

伞形科 Apiaceae 一年生或多年生草本，具芳香。叶互生，少为单叶，常有鞘状叶柄，通常无托叶。花小，两性或杂性，单生或伞形花序，花5基数，上位花盘；子房下位，2室，每室有1枚倒悬的胚珠。双悬果。

川续断目 Dipsacales

五福花科 Adoxaceae 小草本。基生叶 1～3 片或多达 10 片左右；茎生叶 2 片，对生，三深裂或一至二回三出羽状复叶。总状花序、聚伞花序或团伞花序，常顶生；花小，合萼、合瓣，通常 4～5 基数；雄蕊 2 轮，内轮退化，外轮着生花冠上；子房半下位至下位。核果。

忍冬科 Caprifoliaceae 灌木或木质藤本。叶对生，很少轮生，多为单叶，无托叶。花两性，极少杂性，聚伞花序或轮伞花序，合瓣花；雄蕊 5 枚，或 4 枚(二强雄蕊)；子房下位，常 3 室，花盘不存在，中轴胎座。浆果、蒴果或核果。

5 井冈山常见种子植物

5.1 裸子植物

银杏 *Ginkgo biloba*

银杏目(Ginkgoales)银杏科(Ginkgoaceae)银杏属(*Ginkgo*)

银杏

【鉴别特征】落叶乔木。高达40m,胸径可达4m。有长、短枝之分。叶扇形,叶柄较长,有多数叉状并列细脉,秋季落叶前变为黄色。球花雌雄异株,单性,生于短枝顶端鳞片状叶的腋内,呈簇生状;雌球花具长梗,梗端常分两杈,稀3~5杈或不分杈,每杈顶生一盘状珠座,胚珠着生其上,通常仅一个杈端的胚珠发育成种子。风媒传粉。子叶2枚,稀3枚。花期3~4月,种子9~10月成熟。

【分布】中生代孑遗的稀有树种,我国特产。仅浙江天目山有野生状态的植株。

【用途】优良木材;种子供食用(多食易中毒)及药用;叶可供药用和制杀虫剂,也可作肥料;树形优美,可作庭荫树及行道树。

马尾松 *Pinus massoniana*

松目(Pinales)松科(Pinaceae)松属(*Pinus*)

马尾松

【鉴别特征】常绿乔木。高达45m,胸径1.5m。树皮红褐色,下部灰褐色,裂成不规则的鳞状块片。枝平展或斜展,树冠宽塔形或伞形。针叶2针一束,稀3针一束,边缘有细锯齿;叶鞘初呈褐色,后渐变成灰黑色,宿存。雄球花淡红褐色,圆柱形;雌球花褐色或紫褐色,上部珠鳞的鳞脐具向上直立的短刺,下部珠鳞的鳞脐平钝无刺。球果卵圆形或圆锥状卵圆形,有短梗，下垂。花期 4～5 月，球果第二年 10～12 月成熟。

【分布】北至江苏、安徽、河南西部峡口、陕西汉水流域以南、长江中下游各省份，南达福建、广东、台湾北部低山及西海岸，西至四川中部大相岭东坡，西南至贵州贵阳、毕节及云南富宁等。在国外分布于越南北部。

【用途】树干可割取松脂，为医药、化工原料；树干及根部可培养茯苓、蕈类，作中药及供食用；树皮可提取栲胶；为长江流域以南重要的荒山造林树种。

台湾五针松 *Pinus morrisonicola*
松目(Pinales) 松科(Pinaceae) 松属(*Pinus*)

【鉴别特征】常绿乔木。高达 30m，胸径 1.2m。树皮灰暗色，粗糙，裂成鳞片状。枝近平展或微向上开展，树冠圆锥形。针叶 5 针一束，微弯曲，先端渐尖，边缘具细锯齿，叶鞘早落。球果圆锥状椭圆形或卵状椭圆形，鳞盾褐色，有光泽，扁菱形，中部较厚，边缘较薄，先端较钝而厚，上部边缘锐利、鳞脐微向外弯。种子椭圆状卵圆形或长卵圆形；种翅淡褐色，长 1.5～2cm。

【分布】我国特有树种。产于台湾中央山脉海拔 300～2300m 地带，沿山脊散生，或与阔叶树、针叶树混生，不成纯林。

【用途】可供建筑、桥梁、电杆、家具等用材；可作台湾海拔 1500～3000m 高山地带的造林树种。

铁杉 *Tsuga chinensis*
松目(Pinales) 松科(Pinaceae) 铁杉属(*Tsuga*)

【鉴别特征】常绿乔木。高达 50m，胸径达 1.6m。树皮暗深灰色，纵裂，块状脱落。大枝平展，枝条稍下垂，树冠塔形。芽鳞背部平圆或基部芽鳞具背脊。叶先端钝圆有凹缺，正面光绿色，背面淡绿色，中脉隆起无凹槽，气孔带灰绿色。种鳞边缘薄、微向内曲，基部两侧耳状，鳞背露出部分和边缘无毛，有光泽；子叶 3～4 枚，先端钝，边缘全缘，上面中脉隆起，有散生白色气孔点；种子下表面有油点，种翅上部较窄。花期 4 月，球果 10 月成熟。

【分布】我国特有树种。分布于甘肃白龙江流域、陕西南部、河南西部、湖北西部、四川东北部，以及岷江流域上游、大小金川流域、大渡河流域、青衣江流域、金沙江流域下游和贵州西北部海拔 1200～3200m 地带。

【用途】可供建筑、飞机、舟车、家具、器具及木纤维工业等用材；树干可割取树脂，树皮含鞣质，可提制栲胶；种子可榨油。

穗花杉 *Amentotaxus argotaenia*

柏目 (Cuppressales) 红豆杉科 (Taxaceae) 穗花杉属 (*Amentotaxus*)

穗花杉

【鉴别特征】灌木或小乔木。高达 7m。树皮灰褐色或淡红褐色，裂成片状脱落。叶基部扭转列成两列，条状披针形，直或微弯镰状，叶柄极短，边缘微向下曲。种子椭圆形，成熟时假种皮鲜红色，长 2～2.5cm，径约 1.3cm，顶端有小尖头露出，基部宿存苞片的背部有纵脊，梗长约 1.3cm，扁四棱形。花期 4 月，种子 10 月成熟。

【分布】我国特有树种，分布于江西西北部、湖北西部及西南部、湖南、四川东南部及中部、西藏东南部、甘肃南部、广西、广东等地海拔 300～1100m 地带。

【用途】木材材质细密，可供雕刻、器具、农具及细木加工等用；种子熟时假种皮红色，可供庭园观赏。

三尖杉 *Cephalotaxus fortunei*

柏目 (Cuppressales) 红豆杉科 (Taxaceae) 三尖杉属 (*Cephalotaxus*)

三尖杉

【鉴别特征】乔木。高达 20m，胸径达 40cm。树皮褐色或红褐色，裂成片状脱落。叶排成两列，披针状条形，通常微弯，先端有渐尖的长尖头，基部楔形或宽楔形。雄球花 8～10 聚生成头状，每一雄球花有 6～16 枚雄蕊，花药 3，花丝短；

雌球花的胚珠 3～8 枚发育成种子。假种皮成熟时紫色或红紫色，顶端有小尖头；子叶 2 枚，条形。花期 4 月，种子 8～10 月成熟。

【分布】我国特有树种，产于浙江、安徽南部、福建、江西、湖南、湖北、河南南部、陕西南部、甘肃南部、四川、云南、贵州、广西及广东等地。

【用途】供建筑、桥梁、舟车、农具、家具及器具等用材；叶、枝、种子、根可提取多种植物碱，对治疗淋巴肉瘤等有一定的疗效；种仁可榨油，供工业用。

白豆杉 *Pseudotaxus chienii*
柏目(Cuppressales)红豆杉科(Taxaceae)白豆杉属(*Pseudotaxus*)

【鉴别特征】灌木。高达 4m。树皮灰褐色，裂成条片状脱落。一年生小枝圆，近平滑，稀有或疏或密的细小瘤状突起，褐黄色或黄绿色，基部有宿存的芽鳞。叶条形，排列成两列，直或微弯，先端凸尖，基部近圆形，有短柄，两面中脉隆起，正面光绿色，背面有两条白色气孔带。种子卵圆形，上部微扁，顶端有凸起的小尖，成熟时肉质杯状假种皮白色，基部有宿存的苞片。花期 3 月下旬至 5 月，种子 10 月成熟。

白豆杉

【分布】我国特有树种。产于浙江南部龙泉昂山及凤凰山、江西井冈山、湖南南部莽山及西北部慈利至江垭、广东北部乳源，以及广西临桂四明山、七分山和上林县大明山等高山上部。

【用途】木材纹理均匀，结构细致，可作雕刻及器具等用材；叶常绿，种子具白色肉质的假种皮，颇为美观，为优美的庭园树种。

南方红豆杉 *Taxus wallichiana* var. *mairei*
柏目(Cuppressales)红豆杉科(Taxaceae)红豆杉属(*Taxus*)

【鉴别特征】常绿乔木。本变种与红豆杉的区别主要在于叶常较宽长，多呈弯镰状，上部常渐窄，先端渐尖，下面中脉带上无角质乳头状突起，或局部有成片或零星分布的角质乳头状突起，中脉带明晰可见，其色泽与气孔带相异，呈淡黄

南方红豆杉

绿色或绿色，绿色边带较宽而明显；种子通常较大，微扁，多呈倒卵圆形，上部较宽。

【分布】安徽南部、浙江、台湾、福建、江西、广东北部、广西北部及东北部、湖南、湖北西部、河南西部、陕西南部、甘肃南部、四川、贵州及云南东北部。在国外分布于印度北部、缅甸、老挝、越南。

【用途】木材的性质和用途与红豆杉相同，可供建筑、车辆、家具、器具、农具及文具等用材。

竹柏 *Nageia nagi*
柏目(Cuppressales)罗汉松科(Podocarpaceae)竹柏属(*Nageia*)

竹柏

【鉴别特征】乔木。高达 20m。树皮近于平滑，红褐色或暗紫红色，裂成小块薄片脱落。枝条开展或伸展，树冠广圆锥形。叶对生，革质，有多数并列的细脉，无中脉。雄球花穗状圆柱形，单生叶腋，常呈分枝状；雌球花基部有数枚苞片。种子圆球形，成熟时假种皮暗紫色，骨质外种皮黄褐色，内种皮膜质。花期 3～4 月，种子 10 月成熟。

【分布】浙江、福建、江西、湖南、广东、广西、四川。也分布于日本(模式标本产地)。

【用途】优良的建筑、造船、家具、器具及工艺用材；种仁油供食用及工业用。

福建柏 *Fokienia hodginsii*
柏目(Cuppressales)柏科(Cuppressaceae)福建柏属(*Fokienia*)

福建柏

【鉴别特征】乔木。高达 17m。树皮紫褐色，平滑。生鳞叶的小枝扁平，排成一平面；2～3 年生枝褐色，光滑，圆柱形。鳞叶 2 对交叉对生，节状，生于幼树或萌芽枝上的中央之叶呈楔状倒披针形。雄球花近球形。球果近球形，熟时褐色，径 2～2.5cm。种鳞顶部多角形，表面皱缩稍凹陷，中间有一小尖头突起；种子顶端尖，具 3～4 棱，上部有 2 枚大小不等的翅。

花期 3～4 月，种子翌年 10～11 月成熟。

【分布】浙江南部、福建、广东北部、江西、湖南南部、贵州、广西、四川和云南东南部及中部。在国外分布于老挝北部、越南。

【用途】可供房屋建筑、桥梁、土木工程及家具等用材；生长快，材质好，可作造林树种。

5.2 被子植物

五味子 *Schisandra chinensis*

木兰藤目(Austrobaileyales) 五味子科(Schisandraceae) 五味子属(*Schisandra*)

五味子

【鉴别特征】落叶木质藤本。幼枝红褐色，老枝灰褐色，常起皱纹，片状剥落。叶膜质，上部边缘具胼胝质的疏浅锯齿，近基部全缘；幼叶背面被柔毛。雄蕊仅 5(6)枚，无花丝或外 3 枚雄蕊具极短花丝，形成近倒卵圆形的雄蕊群；雌花花梗长 17～38mm，花被片与雄花相似；雌蕊群近卵圆形，柱头鸡冠状，下端下延成 1～3mm 的附属体。聚合果红色。花期 5～7 月，果期 7～10 月。

【分布】黑龙江、吉林、辽宁、内蒙古、河北、山西、宁夏、甘肃、山东等。在国外分布于日本北部、朝鲜、俄罗斯。

【用途】为著名中药，有敛肺止咳、滋补涩精、止泻止汗之效；其叶、果实可提取芳香油；种仁含有脂肪油，榨油可作工业原料、润滑油。

假地枫皮 *Illicium jiadifengpi*

木兰藤目(Austrobaileyales) 五味子科(Schisandraceae) 八角属(*Illicium*)

假地枫皮

【鉴别特征】乔木。高 8～20m。树皮褐黑色，剥下为板块状，非卷筒状。芽卵形，有短缘毛。叶常 3～5 片聚生于小枝近顶端，边缘外卷；中脉在叶面明显凸起，侧脉在两面平坦或稍凸起。花被片薄纸质或近膜质，狭舌形，心皮 12～14 枚，蓇葖 12～14 枚，顶端有向上弯曲的尖头。种子长 8mm，浅黄色。花期 3～5 月，果期 8～10 月。

【分布】我国特有树种。产于广西东北部、广东北部、湖南南部、江西等地。

【用途】广西桂林地区曾收购本种和大八角($I. majus$)的树皮，用以代替地枫皮($I. difengpi$)入药，称桂林地枫皮，服用后引起严重中毒。因此，桂林地枫皮是地枫皮的伪品，虽已停止收购，但应注意鉴别。

红毒茴 *Illicium lanceolatum*

木兰藤目(Austrobaileyales)五味子科(Schisandraceae)八角属(*Illicium*)

【鉴别特征】灌木或小乔木。高 3～10m。枝条纤细，树皮浅灰色至灰褐色。叶革质，披针形、倒披针形或倒卵状椭圆形，中脉在叶面微凹陷。花腋生或近顶生，花梗纤细；花被片 10～15 枚，肉质；雄蕊 6～11 枚，花药分离，药隔不明显截形或稍微缺，药室凸起；心皮 10～14 枚，子房纤细。果梗长，蓇葖果顶端有向后弯曲的钩状尖头。花期 4～6 月，果期 8～10 月。

【分布】我国特有树种。产于江苏南部、安徽、浙江、江西、福建、湖北、湖南、贵州。

【用途】果和叶有强烈香气，可提芳香油；根和根皮有毒，入药能祛风除湿、散瘀止痛；种子有毒，浸出液可杀虫，作土农药。

宽叶金粟兰 *Chloranthus henryi*

金粟兰目(Chloranthales)金粟兰科(Chloranthaceae)金粟兰属(*Chloranthus*)

【鉴别特征】多年生草本。高 40～65cm。根状茎粗壮，黑褐色，具多数细长的棕色须根；茎有明显的节。叶纸质，宽椭圆形、卵状椭圆形或倒卵形，边缘具锯齿；托叶小，钻形。穗状花序顶生；雄蕊 3 枚，基部几分离，仅内侧稍相连，中央药隔长 3mm，有 1 枚 2 室的花药，两侧药隔稍短，各有 1 枚 1 室的花药，药室在药隔的基部；子房卵形，无花柱，柱头近头状。核果球形。花期 4～6 月，果期 7～8 月。

【分布】陕西、甘肃、安徽、浙江、福建、江西、湖南、湖北、广东、广西、贵州、四川。

【用途】根、根状茎或全草供药用，能舒筋活血、消肿止痛、杀虫，主治跌打损伤、痛经，外敷治癫痫头、疔疮、毒蛇咬伤。有毒。

草珊瑚 *Sarcandra glabra*

金粟兰目(Chloranthales)金粟兰科(Chloranthaceae)草珊瑚属(*Sarcandra*)

草珊瑚

【鉴别特征】常绿半灌木。高 50～120cm。茎与枝均有膨大的节。叶革质，椭圆形、卵形至卵状披针形，边缘具粗锐锯齿，齿尖有 1 个腺体，两面均无毛；叶柄基部合生成鞘状；托叶钻形。穗状花序顶生，通常分枝，多少成圆锥花序状；苞片三角形，花黄绿色；雄蕊 1 枚，肉质，棒状至圆柱状；花药 2 室，生于药隔上部之两侧；子房球形或卵形，无花柱。核果球形，熟时亮红色。花期 6 月，果期 8～10 月。

【分布】安徽、浙江、江西、福建、台湾、广东、广西、湖南、四川、贵州和云南。朝鲜、日本、马来西亚、菲律宾、越南、柬埔寨、印度、斯里兰卡也有分布。

【用途】全株供药用，能清热解毒、祛风活血、消肿止痛、抗菌消炎。

鹅掌楸 *Liriodendron chinense*

木兰目(Magnoliales)木兰科(Magnoliaceae)鹅掌楸属(*Liriodendron*)

鹅掌楸

【鉴别特征】落叶乔木。高达 40m，胸径 1m 以上。小枝灰色或灰褐色。叶马褂状，近基部每边具 1 侧裂片，先端具 2 浅裂，下面苍白色。花杯状，花被片 9，外轮 3 枚绿色、萼片状，内两轮 6 枚、花瓣状，花药长 10～16mm，花丝长 5～6mm，花期雌蕊群超出花被之上，心皮黄绿色。聚合果长 7～9cm，具翅的小坚果长约 6mm，顶端钝或钝尖，具种子 1～2 颗。花期 5 月，果期 9～10 月。

【分布】陕西、安徽、浙江、江西、福建、湖北、湖南、广西、四川、贵州、云南。我国台湾有栽培。越南北部也有分布。

【用途】木材为建筑、造船、家具、细木工的优良用材；叶和树皮入药；树干挺直，树冠伞形，叶形奇特，可作园林绿化树种。

桂南木莲　*Manglietia conifera*

木兰目(Magnoliales)木兰科(Magnoliaceae)木莲属(*Manglietia*)

【鉴别特征】常绿乔木。高可达 20m。树皮灰色、光滑，芽、嫩枝有红褐色短毛。叶革质，倒披针形或狭倒卵状椭圆形，侧脉每边 12～14 条。花蕾卵圆形，花梗细长，仅花被下有 1 环苞片痕；花被片 9～11 枚，每轮 3 枚，外轮质较薄、椭圆形，中轮肉质，内轮肉质；雄蕊 2 药室，被药隔分开；雌蕊群花柱长约 2mm。聚合果卵圆形；蓇葖果具疣点凸起，顶端具短喙。种子内种皮凸起。花期 5～6 月，果期 9～10 月。

【分布】广东北部和西南部、云南、广西中部和东部、贵州东南部等。越南北部也有分布。

【用途】用途与木莲相似，供建筑、家具、细木工用材，也作庭园观赏树种；广西用其皮作中药厚朴，称野厚朴。

乐昌含笑　*Michelia chapensis*

木兰目(Magnoliales)木兰科(Magnoliaceae)含笑属(*Michelia*)

【鉴别特征】乔木。高 15～30m，胸径 1m。树皮灰色至深褐色。叶薄革质，正面深绿色，有光泽，无托叶痕。花梗长 4～10mm，具 2～5 苞片脱落痕；花被片淡黄色，6 枚，芳香，2 轮，外轮倒卵状椭圆形，内轮较狭；雌蕊群柄长约 7mm，密被银灰色平伏微柔毛；心皮卵圆形，胚珠约 6 枚。聚合果长约 10cm，果梗长约 2cm。种子红色，卵形或长圆状卵圆形。花期 3～4 月，果期 8～9 月。

【分布】江西南部、湖南西部及南部、广东西部及北部、广西东北部及东南部。越南也有分布。

【用途】花可作熏茶，也可提取芳香油。

紫花含笑 *Michelia crassipes*

木兰目(Magnoliales)木兰科(Magnoliaceae)含笑属(*Michelia*)

紫花含笑

【鉴别特征】小乔木或灌木。高2~5m。树皮灰褐色，芽、嫩枝、叶柄、花梗均密被红褐色或黄褐色长柔毛。叶革质，上面深绿色、有光泽、无毛，下面淡绿色，脉上被长柔毛；叶柄长2~4mm；托叶痕达叶柄顶端。花极芳香，紫红色或深紫色，花被片6，雌蕊群不超出雄蕊群，密被柔毛，心皮密被柔毛。聚合蓇葖果有乳头状突起和残留毛，果梗粗短。花期4~5月，果期8~9月。

【分布】广东北部、湖南南部、广西东北部等。

【用途】园林中很好的观赏植物，花可提取芳香油。

金叶含笑 *Michelia foveolata*

木兰目(Magnoliales)木兰科(Magnoliaceae)含笑属(*Michelia*)

金叶含笑

【鉴别特征】乔木。高达30m。树皮淡灰或深灰色，芽、幼枝、叶柄、叶背、花梗密被红褐色短茸毛。叶厚革质，先端渐尖或短渐尖，通常两侧不对称，叶柄长1.5~3cm，无托叶痕。花梗具3~4苞片脱落痕；花被片9~12枚，淡黄绿色，基部带紫色，外轮3枚阔倒卵形，中、内轮倒卵形，较狭小；雄蕊约50枚，花丝深紫色；心皮仅基部与花托合生；胚珠约8枚。花期3~5月，果期9~10月。

【分布】贵州东南部、湖北西部(利川)、湖南南部、江西、广东、广西南部、云南东南部。越南北部也有分布。

【用途】供家具、绘图板、细木工用材；叶鲜绿，花纯白艳丽，为庭园观赏树种；花可提取芳香油；也供药用。

深山含笑 *Michelia maudiae*

木兰目(Magnoliales)木兰科(Magnoliaceae)含笑属(*Michelia*)

深山含笑

【鉴别特征】乔木。高达20m。各部均无毛。树皮薄，浅灰色或灰褐色。芽、嫩枝、叶背面、苞片均被白粉。叶革质，正面深绿色，有光泽；背面灰绿色，被白粉；无托叶痕。花梗具3环状苞片脱落痕；佛焰苞状苞片淡褐色，薄革质；花芳香，花被片9枚，纯白色，基部稍呈淡红色；心皮绿色。聚合果长圆形、倒卵圆形、卵圆形，顶端圆钝或具短凸尖头。种子红色。花期2～3月，果期9～10月。

【分布】浙江南部、福建、湖南、广东(北部、中部及南部沿海岛屿)、广西、贵州等。

【用途】木材纹理直、结构细、易加工，供家具、绘图板、细木工用材；叶鲜绿，花纯白艳丽，为庭园观赏树种；花可提取芳香油；也供药用。

野含笑 *Michelia skinneriana*
木兰目(Magnoliales)木兰科(Magnoliaceae)含笑属(*Michelia*)

野含笑

【鉴别特征】乔木。高可达15m。树皮灰白色，平滑。芽、嫩枝、叶柄、叶背中脉及花梗均密被褐色长柔毛。叶革质，上面深绿色、有光泽，下面被稀疏褐色长毛，托叶痕达叶柄顶端。花梗细长，花淡黄色，芳香；花被片6枚，倒卵形，外轮3枚基部被褐色毛；雄蕊侧向开裂，药隔伸出长约0.5mm的短尖；雌蕊群长约6mm，心皮密被褐色毛。蓇葖果黑色，具短尖的喙。花期5～6月，果期8～9月。

【分布】浙江、江西、福建、湖南、广东、广西。模式标本采自福建延平。

【用途】花可提取芳香油。

观光木 *Magnolia odora*
木兰目(Magnoliales)木兰科(Magnoliaceae)木兰属(*Magnolia*)

观光木

【鉴别特征】常绿乔木。高达25m。树皮淡灰褐色，具深皱纹。枝纵切面髓心白色，具厚壁组织横隔。小枝、芽、叶柄、叶面中脉、叶背和花梗均被黄棕色糙伏毛。叶柄基部膨大，托叶痕达叶柄中部。花蕾的佛焰苞状苞片一侧开裂，被柔毛，具 1 苞片脱落痕，芳香，花被片外轮最大；雄蕊 30～45 枚，雌蕊 9～13 枚，腹面缝线明显，柱头面在尖端，雌蕊群柄粗壮。聚合果长椭圆体形，有时上部的心皮退化而呈球形，垂悬于具皱纹的老枝上。花期 3 月，果期 10～12 月。

【分布】江西南部、福建、广东、海南、广西、云南东南部。模式标本采自海南。在国外分布于越南北部。

【用途】树干挺直，树冠宽广，枝叶稠密，花美丽而芳香，供庭园观赏及作行道树；花可提取芳香油；种子可榨油。

瓜馥木　*Fissistigma oldhamii*
木兰目(Magnoliales)番荔枝科(Annonaceae)瓜馥木属(*Fissistigma*)

瓜馥木

【鉴别特征】攀缘灌木。长约 8m。叶革质，叶面无毛，叶背被短柔毛，老渐几无毛；侧脉每边 16～20 条，上面扁平，下面凸起；叶柄被短柔毛。花 1～3 朵集成密伞花序，萼片阔三角形，外轮花瓣卵状长圆形；雄蕊长圆形，长约 2mm，药隔稍偏斜三角形；心皮被长绢质柔毛，花柱稍弯，无毛，柱头顶端 2 裂，每心皮有胚珠约 10 枚，2 排。果圆球状，密被黄棕色茸毛。种子圆形。花期 4～9 月，果期 7 月至翌年 2 月。

【分布】浙江、江西、福建、台湾、湖南、广东、广西、云南。模式标本采自台湾。

【用途】茎皮纤维可编麻绳、麻袋和造纸；花可作为化妆品、皂用香精的原料；种子油作工业用油和用于调制化妆品；根可药用，治跌打损伤和关节炎；果成熟时味甜，去皮可食。

乌药　*Lindera aggregata*
樟目(Laurales)樟科(Lauraceae)山胡椒属(*Lindera*)

乌药

【鉴别特征】常绿灌木或小乔木。高可达 5m，胸径 4cm。根有纺锤状或结节状膨胀，外面棕黄色至棕黑色，表面有细皱纹，有香味，微苦，有刺激性清凉感。树皮灰褐色。幼枝青绿色，具纵向细条纹，密被金黄色绢毛，后渐脱落，老时无毛，干时褐色。顶芽长椭圆形。叶互生，卵形，叶柄有褐色柔毛，后毛被渐脱落。伞形花序腋生，无总梗，常 6～8 花序集生，每花序有 1 苞片，一般有花 7 朵；花被片 6，近等长。子房椭圆形，被褐色短柔毛。花期 3～4 月，果期 5～11 月。

【分布】浙江、江西、福建、安徽、湖南、广东、广西、台湾等。越南、菲律宾也有分布。

【用途】根入药为散寒理气健胃药；果实、根、叶均可提芳香油制香皂；根、种子磨粉可杀虫。

山橿 *Lindera reflexa*

樟目(Laurales)樟科(Lauraceae)山胡椒属(*Lindera*)

【鉴别特征】落叶灌木或小乔木。冬芽长角锥状，芽鳞红色。叶互生，通常卵形或倒卵状椭圆形，纸质。 山橿
伞形花序着生于叶芽两侧，具总梗，红色，密被红褐色微柔毛，果时脱落；总苞片 4；雄花花梗密被白色柔毛；花被片 6；雌蕊长约 2mm，子房椭圆形，花柱与子房等长，柱头盘状。果球形，熟时红色；果梗无皮孔，被疏柔毛。花期 4 月，果期 8 月。

【分布】河南、江苏、安徽、浙江、江西、湖南、湖北、贵州、云南、广西、广东、福建等。

【用途】根药用，性温，味辛，可止血、消肿、止痛，治胃气痛、疥癣、风疹、刀伤出血。

檫木 *Sassafras tzumu*

樟目(Laurales)樟科(Lauraceae)檫木属(*Sassafras*)

【鉴别特征】落叶乔木。高可达 35m，胸径达 2.5m。芽鳞近圆形，外面密被黄色绢毛。枝条粗壮， 檫木
近圆柱形，多少具棱角，无毛。叶互生，聚集于枝顶，全缘或 2～3 浅裂，坚纸质。花序顶生，先叶开放，多花，具梗，基部有迟落互生的总苞片；苞片线形至丝状，花黄色，雌雄异株；花被裂片 6；退化雌蕊明显；退化雄蕊 12，排成 4 轮；子房卵珠形。果近球形，

成熟时蓝黑色而带有白蜡粉。花期 3～4 月，果期 5～9 月。

【分布】浙江、江苏、安徽、江西、福建、广东、广西、湖南、湖北、四川、贵州及云南等。

【用途】材质优良，用于造船、水车及上等家具；根和树皮入药。

红楠 *Machilus thunbergii*

樟目(Laurales)樟科(Lauraceae)润楠属(*Machilus*)

【鉴别特征】常绿中等乔木。通常高 10～15(20)m。顶芽卵形或长圆状卵形，鳞片棕色革质。叶革质，叶柄比较纤细。花序顶生或在新枝上腋生，多花，下部的分枝常有花 3 朵，上部的分枝花较少；苞片卵形，有棕红色贴伏茸毛；花被裂片长圆形，外轮的较狭，先端急尖，外面无毛，内面上端有小柔毛；子房球形，无毛；花柱细长，柱头头状。果扁球形，初时绿色，后变黑紫色；果梗鲜红色。花期 2 月，果期 7 月。

【分布】山东、江苏、浙江、安徽、台湾、福建、江西、湖南、广东、广西。在国外分布于日本、韩国。

【用途】供建筑、家具、小船、胶合板、雕刻等用材；叶可提取芳香油；种子油可制肥皂和作润滑油；树皮入药；也可作为庭园树种。

湘楠 *Phoebe hunanensis*

樟目(Laurales)樟科(Lauraceae)楠属(*Phoebe*)

【鉴别特征】灌木或小乔木。通常高 3～8m。茎有棱，无毛。叶革质或近革质，中脉粗壮，叶柄无毛。花序生于当年生枝上部，很细弱，近于总状或在上部分枝，无毛；花梗约与花等长；花被片有缘毛，外轮稍短，外面无毛，内面有毛；能育雄蕊各轮花丝无毛或仅基部有毛；子房无毛，柱头帽状或略扩大。果卵形，果梗略增粗；宿存花被片卵形，纵脉明显，松散，常可见到缘毛。花期 5～6 月，果期 8～9 月。

【分布】甘肃，陕西，江西西南部，江苏，湖北，湖南中部、东南及西部，贵州东部。

【用途】可制作家具；园林观赏树木。

山鸡椒 *Litsea cubeba*

樟目(Laurales)樟科(Lauraceae)木姜子属(*Litsea*)

山鸡椒

【鉴别特征】落叶灌木或小乔木。高达 8～10m。顶芽圆锥形，外面具柔毛。叶互生，叶柄纤细，无毛。伞形花序单生或簇生，总梗细长，苞片边缘有睫毛；每花序有花 4～6 朵，先叶开放或与叶同时开放；花被裂片 6；能育雄蕊 9，第三轮基部的腺体具短柄；雌花中退化雄蕊中下部具柔毛，子房卵形，花柱短，柱头头状。果近球形，无毛，幼时绿色，成熟时黑色，先端稍增粗。花期 2～3 月，果期 7～8 月。

【分布】广东、广西、福建、台湾、浙江、江苏、安徽、湖南、湖北、江西、贵州、四川、云南、西藏。南亚和东南亚各国也有分布。

【用途】可供普通家具和建筑等用材；花、叶和果皮供医药制品和配制香精等用；果实入药。

黄丹木姜子 *Litsea elongata*

樟目(Laurales)樟科(Lauraceae)木姜子属(*Litsea*)

黄丹木姜子

【鉴别特征】常绿小乔木或中乔木。高达 12m，胸径达 40cm。顶芽卵圆形，鳞片外面被丝状短柔毛。叶互生，长圆形、长圆状披针形至倒披针形，叶柄密被褐色茸毛。伞形花序单生，稀簇生，每花序有花 4～5 朵；花梗被丝状长柔毛；花被裂片 6；雄花中能育雄蕊 9～12，花丝有长柔毛；腺体圆形，无柄；雌花序较雄花序略小，子房卵圆形。果长圆形，成熟时黑紫色。花期 5～11 月，果期翌年 2～6 月。

【分布】广东、广西、湖南、湖北、四川、贵州、云南、西藏、安徽、浙江、江苏、江西、福建。尼泊尔、印度也有分布。

【用途】木材可供建筑及家具等用材；种子可榨油，供工业用。

新木姜子 *Neolitsea aurata*

樟目(Laurales)樟科(Lauraceae)新木姜子属(*Neolitsea*)

【鉴别特征】乔木。高达14m，胸径达18cm。顶芽圆锥形，鳞片外面被丝状短柔毛，边缘有锈色睫毛。叶互生或聚生枝顶呈轮生状，革质；叶柄长，被锈色短柔毛。伞形花序3～5个簇生于枝顶或节间，苞片圆形，每花序有花5朵；花被裂片4；能育雄蕊6，花丝基部有柔毛，第三轮基部腺体有柄；退化子房卵形，无毛。果椭圆形；果梗先端略增粗，有稀疏柔毛。花期2～3月，果期9～10月。

【分布】台湾、福建、江苏、江西、湖南、湖北、广东、广西、四川、贵州及云南。在国外分布于日本。

【用途】根供药用，可治气痛、水肿、胃脘胀痛。

新木姜子

显脉新木姜子 *Neolitsea phanerophlebia*

樟目(Laurales)樟科(Lauraceae)新木姜子属(*Neolitsea*)

【鉴别特征】小乔木。高达10m，胸径达15～20cm。顶芽卵圆形，鳞片外面密被锈色短柔毛。叶轮生或散生，纸质至薄革质，叶柄密被近锈色的短柔毛。伞形花序2～4个丛生于叶腋或生于叶痕的腋内，无总梗，每花序有花5～6朵，苞片4，花被裂片4，能育雄蕊6。果近球形，成熟时紫黑色；果梗纤细。花期10～11月，果期翌年7～8月。

【分布】广东、广西、湖南、江西等。

【用途】可入药，行气止痛、利水消肿。

显脉新木姜子

管花马兜铃 *Aristolochia tubiflora*

胡椒目(Piperales)马兜铃科(Aristolochiaceae)马兜铃属(*Aristolochia*)

【鉴别特征】草质藤本。根圆柱形，细长，黄褐色，内面白色。茎无毛，干后有槽纹，嫩枝、叶柄折断后渗出微红色汁液。叶纸质或近膜质。花单生或2朵聚生于叶腋，基部

管花马兜铃

有小苞片；小苞片卵形，无柄；花被基部膨大呈球形；舌片卵状狭长圆形，顶端钝；花药卵形，贴生于合蕊柱近基部，并单个与其裂片对生；合蕊柱顶端6裂，裂片顶端骤狭，向下延伸成波状的圆环。蒴果长圆形，成熟时由基部向上6瓣开裂；果梗常随果实开裂成6条。花期4～8月，果期10～12月。

【分布】河南、湖北、湖南、四川、贵州、广西、广东、江西等。

【用途】根和果实入药，有清肺热、止咳、平喘之效。

尾花细辛　*Asarum caudigerum*

胡椒目(Piperales)马兜铃科(Aristolochiaceae)细辛属(*Asarum*)

【鉴别特征】多年生草本。全株被散生柔毛。根状茎粗壮，节间短或较长，有多条纤维根。叶背浅绿色，稀稍带红色，被较密的毛；叶柄有毛；芽苞叶卵形或卵状披针形。花被绿色，被紫红色圆点状短毛丛；花梗有柔毛；花被裂片直立，下部靠合如管，喉部稍缢缩；子房下位，具6棱；花柱合生，顶端6裂，柱头顶生。果近球状，具宿存花被。花期4～5月，云南、广西可晚至11月。

【分布】浙江、江西、福建、台湾、湖北、湖南、广东、广西、四川、贵州、云南等。在国外分布于越南。

【用途】全草入药，多作土细辛用，或作兽药。

竹叶胡椒　*Piper bambusifolium*

胡椒目(Piperales)胡椒科(Piperaceae)胡椒属(*Piper*)

【鉴别特征】藤本灌木。茎、枝有膨大的节，揉之有香气。叶互生，全缘；托叶多少贴生于叶柄上，早落。花单性，雌雄异株，聚集成与叶对生或稀有顶生的穗状花序，花序通常宽于总花梗的3倍以上；苞片离生，盾状或杯状，通常着生于花序轴上，稀着生于子房基部；子房离生或有时嵌生于花序轴中而与其合生。浆果倒卵形，无柄或具长短不等的柄。花期4～7月。

【分布】江西中部和北部、陕西南部、湖北东南部、四川东北和东南部及贵州。

【用途】具有温中燥湿、散寒止痛、驱虫止痒的功效。

蕺菜 *Houttuynia cordata*
胡椒目(Piperales)三白草科(Saururaceae)蕺菜属(*Houttuynia*)

【鉴别特征】腥臭草本。高 30～60cm。茎下部伏地，节上轮生小根；上部直立，无毛或节上被毛。叶薄纸质，有腺点，背面尤甚；叶脉 5～7 条，全部基出或最内 1 对离基约 5mm 从中脉发出；叶柄无毛；托叶膜质，顶端钝，下部与叶柄合生而成长 8～20mm 的鞘，且常有缘毛，略抱茎。总苞片长圆形或倒卵形；雄蕊长于子房，花丝长为花药的 3 倍。蒴果顶端有宿存的花柱。花期 4～8 月，果期 6～10 月。

【分布】我国中部、东南至西南部各省份，东起台湾，西南至云南、西藏，北达陕西、甘肃。在国外分布于不丹、印度、印度尼西亚、日本、朝鲜、缅甸、尼泊尔、泰国。

【用途】全株入药，有清热、解毒、利水之效，治肠炎、痢疾、肾炎水肿、乳腺炎及中耳炎等；嫩根茎可食，在我国西南地区常作蔬菜或调味品。

三白草 *Saururus chinensis*
胡椒目(Piperales)三白草科(Saururaceae)三白草属(*Saururus*)

【鉴别特征】湿生草本。高逾 1m。茎粗壮，有纵长粗棱和沟槽；下部伏地，常带白色；上部直立，绿色。叶纸质，密生腺点，茎顶端的 2～3 片于花期常为白色，呈花瓣状；叶脉 5～7 条，均自基部发出；叶柄基部与托叶合生成鞘状，略抱茎。花序白色；苞片近匙形，无毛或有疏缘毛，下部线形，被柔毛，且贴生于花梗上；雄蕊 6 枚，花药纵裂，花丝比花药略长。果近球形。花期 4～6 月，果期 6～7 月。

【分布】河北、山东、河南和长江流域及其以南各省份。在国外分布于印度、日本、朝鲜、菲律宾、越南。

【用途】全株药用，内服治尿路感染、尿路结石、脚气水肿及营养性水肿，外敷治痈疮疖肿、皮肤湿疹等。

金钱蒲 *Acorus gramineus*

菖蒲目(Acorales)菖蒲科(Acoraceae)菖蒲属(*Acorus*)

【鉴别特征】多年生草本。高20～30cm。根肉质，须根密集。根茎较短，横走或斜伸，芳香；上部多分枝，呈丛生状。叶片质地较厚，叶基对折，两侧膜质叶鞘棕色，上延至叶片中部以下，渐狭，脱落。叶状佛焰苞短，为肉穗花序长的1～2倍，稀比肉穗花序短，狭，宽1～2mm；肉穗花序黄绿色，圆柱形。果黄绿色。花期5～6月，果7～8月成熟。

【分布】浙江、江西、湖北、湖南、广东、广西、陕西、甘肃、四川、贵州、云南、西藏。在国外分布于柬埔寨、印度东北部、日本、韩国、老挝、缅甸、菲律宾、俄罗斯(西伯利亚东部)、泰国、越南。

【用途】根茎入药，详见菖蒲。

一把伞南星 *Arisaema erubescens*

泽泻目(Alismatales)天南星科(Araceae)天南星属(*Arisaema*)

【鉴别特征】多年生草本。块茎扁球形。叶1，极稀2；叶片放射状分裂，裂片无定数。花序柄比叶柄短，直立；佛焰苞绿色，喉部边缘截形或稍外卷，檐部通常颜色较深；肉穗花序单性，雄花序花密，雌花序上具多数中性花；雄花具短柄，淡绿色、紫色至暗褐色，雄蕊2～4，药室近球形，顶孔开裂成圆形；雌花子房卵圆形，柱头无柄。果序柄下弯或直立，浆果红色。花期4～5月，果期7～9月。

【分布】除内蒙古、黑龙江、吉林、辽宁、山东、江苏、新疆外，我国各省份都有分布。在国外分布于不丹、印度东北部、老挝、缅甸、尼泊尔、泰国北部、越南。

【用途】块茎入药。

天南星　*Arisaema heterophyllum*
泽泻目(Alismatales)天南星科(Araceae)天南星属(*Arisaema*)

天南星

【鉴别特征】多年生草本。块茎扁球形，顶部扁平，周围生根，常有若干侧生芽眼。鳞芽4～5，膜质。叶片鸟足状分裂，裂片13～19，全缘。花序柄从叶柄鞘筒内抽出，佛焰苞管部圆柱形，内面绿白色，喉部截形，外缘稍外卷，下弯几成盔状；两性花序，下部雌花序，上部雄花序；雌花球形，花柱明显，柱头小，胚珠3～4，直立于基底胎座上；雄花具柄，顶孔横裂。花期4～5月，果期7～9月。

【分布】除西北、西藏外，大部分地区都有分布。日本、朝鲜也有分布。

【用途】块茎可制酒精、糊料，但有毒，不可食用；入药称天南星，能解毒消肿、祛风定惊、化痰散结。

粉条儿菜　*Aletris spicata*
薯蓣目(Dioscoreales)沼金花科(Nartheciaceae)粉条儿菜属(*Aletris*)

粉条儿菜

【鉴别特征】多年生草本。植株具多数须根，根毛局部膨大，膨大部分白色。叶簇生，纸质，条形，有时下弯，先端渐尖。花莛有棱，密生柔毛，中下部有几枚苞片状叶；总状花序疏生多花；苞片2枚，窄条形，位于花梗的基部，短于花；花梗极短，有毛；花被黄绿色，上端粉红色，外面有柔毛，长6～7mm，裂片条状披针形；雄蕊着生于花被裂片的基部。蒴果有棱角。花期4～5月，果期6～7月。

【分布】江苏、浙江、安徽、江西、福建、台湾、广东、广西、湖南、湖北、河南、河北、山西、陕西和甘肃。日本也有分布。

【用途】根药用，有润肺止咳、杀蛔虫、消疳等功效。

宽翅水玉簪 *Burmannia nepalensis*

薯蓣目(Dioscoreales)水玉簪科(Burmanniaceae)水玉簪属(*Burmannia*)

【鉴别特征】 一年生腐生小草本。茎纤细，高 8～11cm，白色，无叶绿素。无基生叶；茎生叶退化呈鳞片状，椭圆形，具明显的中脉。花排成二歧聚伞花序或仅有 1～2 朵花生于茎顶，直立，具短梗；外轮花被裂片三角状椭圆形，内轮花被裂片较小；药隔顶端具叉开的鸡冠状附属体，基部有垂悬的距；翅显著，半圆形，顶端截平或倒心形，白色，常染黄。蒴果近球形，横裂。花果期 8～12 月。

【分布】 云南、广西、广东、湖南等。南亚至东南亚也有分布。

【用途】 根入药具有清热解毒、消肿止痛之效，叶能解毒消肿。

日本薯蓣 *Dioscorea japonica*

薯蓣目(Dioscoreales)薯蓣科(Dioscoreaceae)薯蓣属(*Dioscorea*)

【鉴别特征】 缠绕草质藤本。块茎长圆柱形，垂直生长，外皮棕黄色，干时皱缩，断面白色，或有时带黄白色。叶片纸质，变异大，全缘，两面无毛。叶腋内有各种大小、形状不等的珠芽。雌雄异株；雄花序为穗状花序，2 至数个或单个着生于叶腋；雄花花被片有紫色斑纹，雄蕊 6；雌花序为穗状花序，1～3 个着生于叶腋。种子着生于每室中轴中部，四周有膜质翅。花期 5～10 月，果期 7～11 月。

【分布】 安徽(淮河以南)、江苏、浙江、江西、福建、台湾、湖北、湖南、广东、广西、贵州东部、四川。在国外分布于日本、朝鲜。

【用途】 块茎入药，为健胃药；也供食用。

菝葜 *Smilax china*

百合目(Liliales)菝葜科(Smilacaceae)菝葜属(*Smilax*)

【鉴别特征】 攀缘灌木。根茎粗厚、坚硬，为不规则的块状，疏生刺。叶薄革质或坚纸质，叶柄几乎都有卷须，脱落点位于靠近卷须处。伞形花序生于叶尚幼嫩的小枝上，具十几朵或更多的花，常呈球形；花序托稍膨大，近球形，较少稍延长，具小苞片；花绿黄色，外花被片长 3.5～4.5mm，宽 1.5～2mm，内花被片稍狭；雄花中花药比花丝稍宽，常弯曲；雌花与雄花大小相似，有 6 枚退化雄蕊。花期 2～5 月，果期 9～11 月。

【分布】山东、江苏、浙江、福建、台湾、江西、安徽、河南、湖北、四川、云南、贵州、湖南、广西和广东。在国外分布于缅甸、菲律宾、泰国、越南。

【用途】根茎可以提取淀粉和栲胶，或用来酿酒；有些地区作土茯苓或萆薢用，有祛风活血之效。

小果菝葜 *Smilax davidiana*

百合目(Liliales)菝葜科(Smilacaceae)菝葜属(*Smilax*)

【鉴别特征】攀缘灌木。具粗短的根茎。茎长 1～2m，少数可达 4m，具疏刺。叶坚纸质，先端微凸或短渐尖，基部楔形或圆形，下面淡绿色；叶柄较短，有细卷须；鞘耳状，明显比叶柄宽。伞形花序生于叶尚幼嫩的小枝上，具几朵至 10 余朵花，多少呈半球形；花序托膨大，近球形，较少稍延长，具宿存的小苞片；花绿黄色；花药比花丝宽 2～3 倍；雌花比雄花小，具 3 枚退化雄蕊。花期 3～4 月，果期 10～11 月。

小果菝葜

【分布】江苏南部、安徽南部、江西、浙江、福建、广东北部至东部、广西东北部。日本也有分布。

【用途】可祛风除湿、利尿解毒。

折枝菝葜 *Smilax lanceifolia* var. *elongata*

百合目(Liliales)菝葜科(Smilacaceae)菝葜属(*Smilax*)

【鉴别特征】攀缘灌木。小枝回折状。叶厚纸质或革质，长披针形或矩圆状披针形。总花梗比叶柄长，花药近圆形。浆果熟时黑紫色。花期 3～4 月，果期 10～11 月。

折枝菝葜

【分布】江西、浙江、广东、广西、四川(峨眉山至金佛山)和贵州。

【用途】可供观赏。

暗色菝葜 *Smilax lanceifolia* var. *opaca*
百合目(Liliales)菝葜科(Smilacaceae)菝葜属(*Smilax*)

暗色菝葜

【鉴别特征】攀缘灌木。叶通常革质，表面有光泽。总花梗一般长于叶柄，较少稍短于叶柄；花药近矩圆形。浆果熟时黑色。花期9～11月，果期翌年11月。

【分布】湖南、江西、浙江、福建、台湾、广东、广西、贵州和云南。在国外广泛分布于越南、老挝、柬埔寨至印度尼西亚的亚洲热带地区。

【用途】可供观赏。

卷丹 *Lilium tigrinum*
百合目(Liliales)百合科(Liliaceae)百合属(*Lilium*)

卷丹

【鉴别特征】多年生草本。鳞茎近宽球形；鳞片宽卵形，白色。叶散生，边缘有乳头状突起，上部叶腋有珠芽。花3～6朵或更多；苞片叶状，有白绵毛；花下垂，花被片披针形，反卷，橙红色，有紫黑色斑点，内轮花被片稍宽；蜜腺两边有乳头状突起和流苏状突起；雄蕊四面张开，花丝淡红色、无毛，花药矩圆形、长约2cm；子房圆柱形。花期7～8月，果期9～10月。

【分布】江苏、浙江、安徽、江西、湖南、湖北、广西、四川、青海、西藏、甘肃、陕西、山西、河南、河北、山东和吉林等。日本、朝鲜也有分布。

【用途】鳞茎富含淀粉，供食用，也可供药用；花含芳香油，可作香料。

油点草 *Tricyrtis macropoda*
百合目(Liliales)百合科(Liliaceae)油点草属(*Tricyrtis*)

油点草

【鉴别特征】多年生草本。植株高可达1m。茎上部疏生或密生短糙毛。叶基部心形抱茎或圆形而近无柄，边缘具短糙毛。二歧聚伞花序顶生或生于上部叶腋，花序轴和花梗生有淡褐色短糙毛，苞片很小，花疏散；花被片开放后自中下部向下反折，外轮3枚较内轮宽，在基部向下延伸而呈囊状；雄蕊约等长于花被片；柱头稍微高出雄蕊或有时近等高，3裂。花果期6～10月。

【分布】浙江、江西、福建、安徽、江苏、湖北、湖南、广东、广西和贵州。日本也有分布。

【用途】补虚止咳，常用于治疗肺结核、咳嗽。

天门冬 *Asparagus cochinchinensis*
天门冬目(Asparagales) 天门冬科(Asparagaceae) 天门冬属(*Asparagus*)

天门冬

【鉴别特征】多年生攀缘草本。根在中部或近末端呈纺锤状膨大，膨大部分长3～5cm，粗1～2cm。茎平滑，常弯曲或扭曲，长可达1～2m，分枝具棱或狭翅。叶状枝通常每3枚成簇，茎上的鳞片状叶基部延伸为长2.5～3.5mm的硬刺，在分枝上的刺较短或不明显。花通常每2朵腋生，淡绿色；花梗长，关节一般位于中部；雄花花丝不贴生于花被片上；雌花大小与雄花相似。浆果熟时红色，有1颗种子。花期5～6月，果期8～10月。

【分布】从河北、山西、陕西、甘肃等的南部至华东、中南、西南各省份都有分布。也见于朝鲜、日本、老挝和越南。

【用途】块根是常用中药，有滋阴润燥、清火止咳之效。

深裂竹根七 *Disporopsis pernyi*
天门冬目(Asparagales) 天门冬科(Asparagaceae) 竹根七属(*Disporopsis*)

深裂竹根七

【鉴别特征】多年生草本。根茎圆柱状，粗5～10mm。茎高20～40cm，具紫色斑点。叶纸质，基部圆形或钝，具柄。花1～2朵生于叶腋，多少俯垂；花被钟形，花被筒长约为花被的1/3或略长，口部不缢缩，裂片近矩圆形；副花冠裂片膜质，与花被裂片对生，先端为程度不同的2深裂；花药近矩圆状披针形，长 1.5～2mm，背部以极短花丝着生于副花冠裂片先端凹缺处；雌蕊长 6～8mm，花柱稍短于子房，子房近球形。花期 4～5 月，果期 11～12 月。

【分布】四川、贵州、湖南、广西、云南、广东、江西、浙江和台湾。

【用途】可供观赏；药用可养阴清肺、活血祛瘀。

紫萼 *Hosta ventricosa*

天门冬目(Asparagales)天门冬科(Asparagaceae)玉簪属(*Hosta*)

紫萼

【鉴别特征】多年生草本。根状茎粗 0.3～1cm。叶卵状心形、卵形至卵圆形，基部心形或近截形，极少叶片基部下延而略呈楔形，具 7～11 对侧脉；叶柄长 6～30cm。花葶高 60～100cm，具 10～30 朵花；苞片矩圆状披针形，长 1～2cm，白色，膜质；花单生，长 4～5.8cm，盛开时从花被管向上骤然近漏斗状扩大，紫红色；花梗长 7～10mm；雄蕊伸出花被之外，完全离生。蒴果圆柱状，有三棱。花期 6～7 月，果期 7～9 月。

【分布】江苏、安徽、浙江、福建、江西、广东、广西、贵州、云南、四川、湖北、湖南和陕西。

【用途】各地常见栽培，供观赏；内用治胃痛、跌打损伤，外用治虫蛇咬伤和痈肿疮疖。

沿阶草 *Ophiopogon bodinieri*

天门冬目(Asparagales)天门冬科(Asparagaceae)沿阶草属(*Ophiopogon*)

沿阶草

【鉴别特征】多年生草本。植株矮小。根纤细，近末端处有时具膨大成纺锤形的小块根。地下走茎长，直径 1～2mm，节上具膜质的鞘。茎很短。叶基生成丛，禾叶状，长 20～40cm，宽 2～4mm，先端渐尖，边缘具细锯齿。总状花序，花常单生或 2 朵簇生于苞片腋内；花被片内轮 3 枚宽于外轮 3 枚，白色或稍带紫色；花丝很短，花药狭披针形；花柱细。种子近球形或椭圆形。花期 6～8 月，果期 8～10 月。

【分布】云南、贵州、四川、湖北、河南、陕西（秦岭以南）、甘肃南部、西藏和台湾等。在国外分布于不丹。

【用途】小块根也作中药麦冬用。

多花黄精 *Polygonatum cyrtonema*
天门冬目(Asparagales)天门冬科(Asparagaceae)黄精属(*Polygonatum*)

【鉴别特征】多年生草本。根茎肥厚，通常连珠状或结节成块，直径1～2cm。茎高50～100cm，通常具 多花黄精 10～15片叶。叶互生，先端尖至渐尖。花序具2～7朵花，伞形；苞片微小，位于花梗中部以下，或不存在；花被黄绿色；花丝两侧扁或稍扁，具乳头状突起至具短绵毛，顶端稍膨大乃至具囊状突起。浆果黑色。花期5～6月，果期8～10月。

【分布】四川、贵州、湖南、湖北、河南南部和西部、江西、安徽、江苏南部、浙江、福建、广东中部和北部、广西北部。

【用途】在我国南方地区作黄精用。

金线兰 *Anoectochilus roxburghii*
天门冬目(Asparagales)兰科(Orchidaceae)开唇兰属(*Anoectochilus*)

【鉴别特征】多年生草本。植株高8～18cm。根状茎匍匐，肉质，具节，节上生根。茎直立，肉质，圆柱 金线兰 形，具3～4片叶。叶片上面暗紫色或黑紫色，具金红色带有绢丝光泽的美丽网脉，背面淡紫红色；叶柄基部扩大成抱茎的鞘。总状花序具2～6朵花，花序轴淡红色，花序轴和花序梗均被柔毛，花序梗具2～3枚鞘苞片；花苞片淡红色，卵状披针形或披针形。花期(8)9～11(12)月。

【分布】浙江、江西、福建、湖南、广东、海南、广西、四川、云南、西藏东南部（墨脱）。在国外分布于孟加拉国、不丹、印度、日本、老挝、尼泊尔、泰国、越南。

【用途】全草民间作药用。

钩距虾脊兰 *Calanthe graciliflora*

天门冬目(Asparagales)兰科(Orchidaceae)虾脊兰属(*Calanthe*)

【鉴别特征】多年生草本。根状茎不明显。假鳞茎短，近卵球形，具3～4枚鞘和3～4枚叶。假茎长5～18cm，粗约1.5cm。叶在花期尚未完全展开。花莛出自假茎上端的叶丛间，花序柄常具1枚鳞片状的鞘；萼片和花瓣背面褐色，内面淡黄色；中萼片近椭圆形，侧萼片近似于中萼片，但稍狭；蕊柱长约4mm，无毛，先端尖牙齿状；药帽在前端骤然收狭而呈喙状；花粉团棒状，等大，长约2mm，具明显的花粉团柄。花期3～5月。

【分布】安徽、浙江、江西、台湾、湖北、湖南、广东北部和西南部、香港、广西、四川西南部、贵州和云南东南部。

【用途】观赏价值极高。

流苏贝母兰 *Coelogyne fimbriata*

天门冬目(Asparagales)兰科(Orchidaceae)贝母兰属(*Coelogyne*)

【鉴别特征】多年生草本。根状茎较细长，匍匐，粗1.5～2.5mm，节间长3～7mm；顶端生2片叶，基部具2～3枚鞘；鞘卵形，老时脱落。叶长圆形或长圆状披针形，纸质，先端急尖。总状花序通常具1～2朵花，花苞片早落；唇瓣卵形，3裂，顶端多少具流苏；中裂片边缘具流苏；两侧具翅，翅自基部向上渐宽，顶端略有不规则缺刻或齿。花期8～10月，果期翌年4～8月。

【分布】江西南部、广东、海南、广西、云南、西藏东南部。在国外分布于不丹、柬埔寨、印度东北部、印度尼西亚、老挝、马来西亚东北部、缅甸、尼泊尔、泰国、越南。

【用途】有极高的观赏价值。

多叶斑叶兰 *Goodyera foliosa*

天门冬目(Asparagales)兰科(Orchidaceae)斑叶兰属(*Goodyera*)

【鉴别特征】多年生草本。植株高15～25cm。根状茎伸长，茎状，匍匐，具节。茎直立，具 4～6 片叶。叶具柄，叶柄长 1～2cm，基部扩大成抱茎的鞘。总状花序具多朵密生而常偏向一侧的花，花序梗极短或长，花苞片披针形；花中等大，半张开；萼片狭卵形，凹陷，具 1 脉，背面被毛；花瓣斜菱形，具爪，具 1 脉，无毛，与中萼片连合呈兜状；唇瓣基部凹陷呈囊状，囊半球形，内面具多数腺毛，前部舌状，先端略反曲，背面有时具红褐色斑块；子房圆柱形，被毛。花期 7～9 月。

【分布】福建、台湾、广东、广西、四川、云南西部至东南部、西藏东南部(墨脱)等。尼泊尔、不丹、印度东北部、缅甸、越南、日本、朝鲜半岛南部也有。

【用途】可供观赏。

斑叶兰 *Goodyera schlechtendaliana*
天门冬目(Asparagales)兰科(Orchidaceae)斑叶兰属 (*Goodyera*)

斑叶兰

【鉴别特征】多年生草本。植株高 15～35cm。根状茎伸长，茎状，匍匐，具节。叶片上面绿色，具白色不规则的点状斑纹，基部扩大成抱茎的鞘。花莛直立，具 3～5 枚鞘状苞片；总状花序具几朵至 20 余朵疏生、近偏向一侧的花；萼片背面被柔毛，具 1 脉，中萼片与花瓣连合呈兜状，侧萼片先端急尖；花瓣先端钝或稍尖，具 1 脉；唇瓣卵形，基部凹陷呈囊状。花期 8～10 月。

【分布】山西、陕西南部、甘肃南部、江苏、安徽、浙江、江西、福建、台湾、河南南部、湖北、湖南、广东、海南、广西、四川、贵州、云南、西藏。在国外分布于不丹、印度、印度尼西亚(苏门答腊)、日本、韩国、尼泊尔、泰国、越南。

【用途】本种全草民间作药用。

绒叶斑叶兰 *Goodyera velutina*
天门冬目(Asparagales)兰科(Orchidaceae)斑叶兰属 (*Goodyera*)

绒叶斑叶兰

【鉴别特征】多年生草本。植株高 8～16cm。根状茎伸长，匍匐，具节。茎直立，暗红褐色，具 3～5 片叶。叶片卵形至椭圆形，长 2~5cm，宽 1~2.5cm，先端急尖，基部圆形，上面深绿色或暗紫绿色，天鹅绒状。总状花序具 6~15 朵偏向一侧的花，花苞片披针形，花中等大；中萼片长圆形，具 1 脉，与花瓣连合呈兜状；侧萼片斜卵状椭圆形或长椭圆形；花瓣先端钝，基部渐狭，上半部具 1 个红褐斑，具 1 脉；花药卵状心形，先端渐尖。花期 9~10 月。

【分布】浙江、福建、台湾、湖北、湖南、广东、海南、广西、四川、云南东北部(彝良)等。朝鲜半岛南部、日本也有。

【用途】可供观赏。

天麻 *Gastrodia elata*

天门冬目(Asparagales)兰科(Orchidaceae)天麻属(*Gastrodia*)

【鉴别特征】多年生草本。植株高 30~100cm，有时可达 2m。根茎肥厚，块茎状，椭圆形至近哑铃形，肉质，节上被许多三角状宽卵形的鞘。茎下部被数枚膜质鞘。总状花序通常具 30~50 朵花；花苞片长圆状披针形，长 1~1.5cm，膜质；花梗和子房略短于花苞片；外轮裂片卵状三角形，先端钝；内轮裂片近长圆形，较小；唇瓣长圆状卵圆形，3 裂，基部贴生于蕊柱足末端与花被筒内壁上并有一对肉质胼胝体，上部离生，上面具乳突，边缘有不规则短流苏。花果期 5~7 月。

天麻

【分布】吉林、辽宁、内蒙古、河北、河南、山西、陕西、甘肃、江苏、安徽、浙江、江西、台湾、湖北、湖南、四川、贵州、云南和西藏。尼泊尔、不丹、印度、日本、朝鲜半岛至俄罗斯西伯利亚也有分布。

【用途】名贵中药，用以治疗头晕目眩、肢体麻木、小儿惊风等症。

北插天天麻 *Gastrodia peichatieniana*

天门冬目(Asparagales)兰科(Orchidaceae)天麻属(*Gastrodia*)

【鉴别特征】多年生草本。植株高 25~40cm。根茎

北插天天麻

多少块茎状，肉质。茎直立，无绿叶，淡褐色，有节，节上无宿存之鞘。总状花序具4～5朵花；花梗和子房长7～9mm；花近直立，白色或多少带淡褐色；萼片和花瓣合生成细长的花被筒，顶端具5枚裂片；外轮裂片相似，三角形，长0.8～1mm，边缘多少皱波状；内轮裂片略小；唇瓣小或不存在；蕊柱有翅，前方自中部至下部具腺点。花期10月。

【分布】台湾北部（台北北插天山）等。

【用途】可供观赏。

细茎石斛 *Dendrobium moniliforme*
天门冬目(Asparagales)兰科(Orchidaceae)石斛属(*Dendrobium*)

细茎石斛

【鉴别特征】多年生草本。茎直立，细圆柱形，通常长10～20cm或更长，具多节。叶数片，2列，基部下延为抱茎的鞘。总状花序2至数个，花苞片干膜质，花梗和子房纤细，萼片与花瓣相似，萼囊圆锥形；唇瓣白色，比萼片稍短，基部楔形，3裂；侧裂片直立，围抱蕊柱，边缘全缘或具不规则的齿；中裂片全缘，无毛；唇盘基部常具1个椭圆形胼胝体，近中裂片基部通常具1个斑块；药帽顶端不裂。花期通常3～5月。

【分布】陕西南部、甘肃南部、安徽西南部、浙江北部、江西西南部至北部、云南东南部至西北部等。印度东北部、朝鲜半岛南部、日本也有分布。

【用途】可药用，养阴益胃、生津止渴，用于热病伤津、口干烦渴、病后虚热、食欲不振等。

建兰 *Cymbidium ensifolium*
天门冬目(Asparagales)兰科(Orchidaceae)兰属(*Cymbidium*)

建兰

【鉴别特征】多年生草本。假鳞茎卵球形。叶带形，有光泽，前部边缘有时有细齿，关节位于距基部2～4cm处。花葶从假鳞茎基部发出，但短于叶；总状花序，侧萼片常向下斜展；花瓣近平展，唇瓣近卵形、略3裂；侧裂片上面有小乳突；中裂片较大，边缘波状，具小乳突；唇盘上 2 条纵褶片从基部延伸至中裂片基部，花粉团 4 个。花期通常为 6～10 月。

【分布】安徽、浙江、江西、福建、台湾、湖南、广东、海南、广西、四川西南部、贵州和云南。在国外广泛分布于东南亚和南亚各国，北至日本。

【用途】观赏价值高。

春兰 *Cymbidium goeringii*
天门冬目(Asparagales)兰科(Orchidaceae)兰属(*Cymbidium*)

【鉴别特征】多年生草本。假鳞茎较小。叶 4～7 片，带形，较短小，下部常多少对折而呈"V"形，边缘无齿或具细齿。花葶从假鳞茎基部外侧叶腋中抽出，直立；花序具单朵花，花苞片多少围抱子房；花瓣与萼片近等宽，唇瓣不明显 3 裂；侧裂片直立，具小乳突；中裂片较大，边缘略呈波状；唇盘上 2 条纵褶片从基部上方延伸至中裂片基部以上。花期 1～3 月。

【分布】陕西南部、甘肃南部、江苏、安徽、浙江、江西、福建、台湾、河南南部等。日本与朝鲜半岛南部也有分布。

【用途】观赏价值高；香气芬芳，能净化空气；全株可入药。

带唇兰 *Tainia dunnii*
天门冬目(Asparagales)兰科(Orchidaceae)带唇兰属(*Tainia*)

【鉴别特征】多年生草本。假鳞茎暗紫色，圆柱形，被膜质鞘，顶生 1 片叶。叶狭长圆形或椭圆状披针形；叶柄长，具 3 条脉。总状花序；花具 3 枚筒状膜质鞘，基部的 2 枚鞘套叠；中萼片狭长圆状披针形，中脉较明显；侧萼片狭长圆状镰刀形，与中萼片等长，基部贴生于蕊柱足而形成明显的萼囊；花瓣与萼片等长而较宽，先端急尖或锐尖，具 3 条脉；子房膨大为棒状。花期通常 3～4 月。

【分布】湖南(莽山、新宁)、浙江(镇海、奉化、宁海、象山、遂昌、昌化、开化)、江西(瑞金)、福建(沙县、福鼎、建宁、泰宁、南平、崇安、福清、武平等地)、台湾(台北、新竹等地)、广东(乳源、连平、饶平、大埔、阳山、龙门、从化、信宜等地)、香港、广西北部(龙胜、融水)、四川(南川、芦山、筠连、峨眉山、雷坡等地)和贵州中部(息烽)。

【用途】观赏价值高；全株可入药。

单叶厚唇兰 *Epigeneium fargesii*

天门冬目(Asparagales)兰科(Orchidaceae)厚唇兰属(*Epigeneium*)

【鉴别特征】多年生草本。根状茎匍匐。叶厚革质，干后栗色，卵形或宽卵状椭圆形。花序生于假鳞茎顶端，具单朵花；花瓣卵状披针形，比侧萼片小，先端急尖，具 5 条脉；唇瓣几乎白色，小提琴状，长约 2cm，前、后唇等宽，宽约 11mm；后唇两侧直立；前唇伸展，近肾形，先端深凹，边缘多少波状；唇盘具 2 条纵向的龙骨脊，其末端终止于前唇的基部并且增粗呈乳头状；蕊柱粗壮，长约 5mm；蕊柱足长约 1.5mm。花期通常 4~5 月。

【分布】安徽南部、浙江南部和东南部、江西西南部、福建西部、台湾、湖北西南部、湖南东南部、广东东部和北部、广西、四川、云南。在国外分布于不丹、印度东北部、泰国。

【用途】块茎可入药。

独蒜兰 *Pleione bulbocodioides*

天门冬目(Asparagales)兰科(Orchidaceae)独蒜兰属(*Pleione*)

【鉴别特征】多年生半附生草本。假鳞茎上端有明显的颈，顶端具 1 枚叶。叶纸质。花葶从无叶的老假鳞茎基部发出，直立，下半部包藏在 3 枚膜质的圆筒状鞘内，顶端具 1(2)花；中萼片近倒披针形，先端急尖或钝；侧萼片略宽；花瓣倒披针形，不明显 3 裂，上部边缘撕裂状，褶片啮蚀状。花期 4~6 月。

【分布】陕西南部、甘肃南部、安徽、湖北、湖南、广东北部、广西北部、四川、贵州、云南西北部和西藏东南部等。

【用途】观赏价值极高。

东亚舌唇兰　*Platanthera ussuriensis*

天门冬目(Asparagales)兰科(Orchidaceae)舌唇兰属(*Platanthera*)

【鉴别特征】多年生草本。植株高 20～55cm。根茎指状，肉质。茎较纤细，基部具筒状鞘，鞘之上具叶，下部的 2～3 片叶较大。总状花序，花较小，淡黄绿色；花苞片直立伸展，狭披针形，最下部的稍长于子房；子房细圆柱形；中萼片直立，凹陷呈舟状，宽卵形，先端钝，具 3 脉；侧萼片先端钝，具 3 脉；花瓣直立，稍肉质，先端钝或近截平，具 1 脉；唇瓣向前伸展，肉质。花期 7～8 月，果期 9～10 月。

【分布】吉林、河北、陕西、江苏、安徽、浙江、江西、福建、河南、湖北、湖南、广西。朝鲜半岛、俄罗斯远东乌苏里、日本也有。

【用途】具有极高的观赏价值。

绶草　*Spiranthes sinensis*

天门冬目(Asparagales)兰科(Orchidaceae)绶草属(*Spiranthes*)

【鉴别特征】多年生草本。植株高 13～30cm。根数条，肉质，簇生于茎基部。茎短，近基部生 2～5 片叶。叶片基部有抱茎的鞘。总状花序呈螺旋状扭转，花呈螺旋状排生；花苞片先端长渐尖，下部长于子房；子房纺锤形，扭转，被腺状柔毛；萼片下部靠合，中萼片与花瓣靠合呈兜状；唇瓣先端极钝，前半部上面具长硬毛且边缘具强烈皱波状啮齿，基部凹陷呈浅囊状，囊内具 2 个胼胝体。花期 7～8 月。

【分布】全国各省份。俄罗斯、蒙古国、朝鲜半岛、日本、阿富汗、克什米尔地区至不丹、印度、缅甸、越南、泰国、菲律宾、马来西亚、澳大利亚也有分布。

【用途】全草药用。

长轴白点兰 *Thrixspermum saruwatarii*

天门冬目(Asparagales)兰科(Orchidaceae)白点兰属(*Thrixspermum*)

长轴白点兰

【鉴别特征】多年生草本。茎直立或斜立，长不及2cm。叶2列，密集而斜立，革质，先端锐尖并且不等侧2裂。花序轴稍折曲而向上增粗；花苞片彼此疏离，螺旋状排列，向外伸展，宽卵状三角形；中萼片椭圆形，长7～8mm，宽3.5～5mm，先端钝；侧萼片稍斜卵形，约等大于中萼片，先端锐尖；中裂片肉质，红棕色，很小，齿状三角形。花期3～4月。

【分布】福建北部(武夷山)、台湾(新竹、大鲁阁、南投、高雄一带)、湖南(湘西地区)等。

【用途】可供观赏。

黄花鹤顶兰 *Phaius flavus*

天门冬目(Asparagales)兰科(Orchidaceae)鹤顶兰属(*Phaius*)

黄花鹤顶兰

【鉴别特征】多年生草本。假鳞茎卵状圆锥形，被鞘。叶4～6片，基部收狭为长柄，叶柄以下互相包卷而形成假茎的鞘。花莛圆柱形或多少扁圆柱形，无毛；总状花序；花苞片宿存，膜质，无毛；花梗和子房长约3cm；中萼片、侧萼片无毛；花瓣长圆状倒披针形，约等长于萼片；蕊柱白色，纤细，长约2cm，上端扩大，正面两侧密被白色长柔毛；蕊喙肉质，半圆形；药帽白色，在前端不伸长，先端锐尖；药床宽大；花粉团卵形。花期4～10月。

【分布】福建、台湾、湖南北部、广东、广西、香港、海南、贵州、四川、云南和西藏东南部等。在国外分布于斯里兰卡、尼泊尔、不丹、印度东北部、日本、菲律宾、老挝、越南、马来西亚、印度尼西亚和新几内亚岛。

【用途】花、叶极具观赏价值，供观赏；茎药用，具清热止咳、活血止血的功效，主治咳嗽、多痰咯血、外伤出血等；假鳞茎苦、寒，有小毒，清热解毒、消肿散结。

银兰 *Cephalanthera erecta*

天门冬目(Asparagales)兰科(Orchidaceae)头蕊兰属(*Cephalanthera*)

【鉴别特征】多年生草本。高 10～30cm。茎纤细，直立。叶片椭圆形至卵状披针形，基部收狭并抱茎。总状花序长 2～8cm，具 3～10 朵花；花序轴有棱；花苞片通常较小，具 5 脉；花瓣与萼片相似，但稍短；唇瓣 3 裂，基部有距，侧裂片多少围抱蕊柱，中裂片近心形或宽卵形；距圆锥形，末端稍锐尖，伸出侧萼片基部之外；蕊柱长 3.5～4mm。蒴果狭椭圆形或宽圆筒形。花期 4～6 月，果期 8～9 月。

【分布】陕西南部、甘肃南部、安徽、浙江、江西、台湾、湖北、广东北部、广西北部、四川和贵州。日本和朝鲜半岛也有分布。

【用途】具有清热利尿之功效，常用于高热、口渴、喉痛、小便不利等症。

台湾吻兰 *Collabium formosanum*

天门冬目(Asparagales)兰科(Orchidaceae)吻兰属(*Collabium*)

【鉴别特征】多年生草本。假鳞茎被鞘。叶厚纸质，卵状披针形或长圆状披针形，具许多弧形脉。总状花序疏生 4～9 朵花；花序轴被 3 枚鞘；花苞片狭披针形，约等长于花梗和子房；唇盘在两侧裂片之间具 2 条褶片，褶片下延至唇瓣的爪上；距圆筒状，长约 4mm，末端钝；蕊柱长约 1cm，基部扩大，具长约 4mm 的蕊柱足，蕊柱翅在蕊柱上端扩大而呈圆耳状。花期 5～9 月。

【分布】台湾(台北、南投等地)、湖北(神农架)、湖南南部(宜章)、广东北部和西南部(乳源、阳春)、广西东北部至西北部(融水、龙胜、凌云、全州)、贵州东北部(梵净山)和云南东南部(屏边、西畴)等。在国外分布于越南北部。

【用途】可供观赏。

无柱兰 *Amitostigma gracile*

天门冬目(Asparagales)兰科(Orchidaceae)无柱兰属(*Amitostigma*)

无柱兰

【鉴别特征】多年生草本。植株高7～30cm。块茎卵形或长圆状椭圆形，肉质。茎纤细，基部具1～2枚筒状鞘，近基部具1片大叶，在大叶之上具1～2片苞片状小叶。叶基部收狭成抱茎的鞘。总状花序具5至20余朵花，偏向一侧；花苞较子房短；子房圆柱形，稍扭转，无毛；中萼片、侧萼片具1脉；唇瓣较萼片和花瓣大；距纤细，圆筒状，下垂；药室并行，具花粉团柄和黏盘，退化雄蕊2枚。花期6～7月，果期9～10月。

【分布】辽宁、河北、陕西、山东、江苏、安徽、浙江、福建、台湾、河南、湖北、湖南、广西东北部、四川、贵州东南部等。朝鲜半岛和日本也有分布。

【用途】以全草、根茎入药。

花莛薹草 *Carex scaposa*

禾本目(Poales)莎草科(Cyperaceae)薹草属(*Carex*)

花莛薹草

【鉴别特征】多年生草本。根状茎三棱形。秆侧生，高20～80cm，基部有鞘。叶基生和秆生；叶柄褐色，纸质，无毛。苞片与秆生叶同型。圆锥花序复出，具3至数个支花序，支花序圆锥状；小苞片鳞片状；小穗10～20个，两性，雄雌顺序；雄花鳞片膜质，淡褐色；雌花鳞片具3条脉，两侧褐色。果囊纸质，密生褐色斑点，腹面具2侧脉，无毛。花期5～11月。

【分布】浙江、江西、福建、湖南、广东、广西、四川南部、贵州、云南东部和东南部。越南也有分布。

【用途】可供观赏。

淡竹叶 *Lophatherum gracile*

禾本目(Poales)禾本科(Poaceae)淡竹叶属(*Lophatherum*)

淡竹叶

【鉴别特征】多年生草本。具木质根，须根中部膨大呈纺锤形小块根。秆直立，疏丛生，高 40～80cm，具 5～6 节。叶鞘平滑或外侧边缘具纤毛；叶舌质硬，褐色，背有糙毛；叶片披针形，具横脉。圆锥花序分枝斜升或开展；小穗线状披针形，具极短柄；颖顶端钝、具 5 脉，边缘膜质、具 7 脉；内稃较短；不育外稃向上渐狭小，互相密集包卷，顶端具短芒；雄蕊 2 枚。颖果长椭圆形。花果期 6～10 月。

【分布】江苏、安徽、浙江、江西、福建、台湾、湖南、广东、广西、四川、云南。在国外分布于柬埔寨、印度、印度尼西亚、日本、朝鲜南部、马来西亚、缅甸、尼泊尔、新几内亚、菲律宾、斯里兰卡、泰国、越南、澳大利亚、太平洋群岛。

【用途】叶为清凉解热药；小块根药用。

阔叶箬竹 *Indocalamus latifolius*
禾本目(Poales)禾本科(Poaceae)箬竹属(*Indocalamus*)

【鉴别特征】多年生草本。秆高可达 2m，直径 0.5～1.5cm；节间被微毛；秆环略高，箨环平。箨鞘 阔叶箬竹 硬纸质或纸质，下部紧抱秆，上部疏松抱秆，边缘具棕色纤毛；箨舌截形，先端无毛；箨片直立，线形或狭披针形。叶鞘无毛，先端稀具极小微毛，质厚，坚硬，边缘无纤毛；叶耳无；叶小横脉明显，近方格形，叶缘生有小刺毛。圆锥花序基部为叶鞘所包裹，小穗呈圆柱形，花药紫色或黄带紫色，柱头 2。果实未见。笋期 4～5 月。

【分布】山东、江苏、安徽、浙江、江西、福建、湖北、湖南、广东、四川等。

【用途】秆宜作毛笔杆或竹筷；叶片巨大者可作斗笠及船篷等防雨工具，也可用来包裹粽子。

井冈寒竹 *Gelidocalamus stellatus*
禾本目(Poales)禾本科(Poaceae)短枝竹属(*Gelidocalamus*)

【鉴别特征】多年生草本。秆高达 2m，节间圆筒形，无沟槽；秆环隆起比箨环高，箨环略隆起；箨鞘宿 井冈寒竹

存，革质，边缘生纤毛；箨舌无毛；箨耳边缘有短繸毛；箨片锥状，具纵脉，边缘有纤毛。每小枝仅具 1 叶；叶片披针形，叶缘一边光滑，另一边具细锯齿。大型圆锥花序；鳞被 3，卵状，无脉纹；花药硕大而短，花丝短；子房三角形至卵状，无毛；柱头 2，通常可连合为 1 个。开花周期约为 30 年。笋期 10～11 月。

【分布】江西、湖南等。

【用途】笋可食；植株姿态潇洒，可栽培供观赏。

杜若　*Pollia japonica*

鸭跖草目(Commelinales) 鸭跖草科(Commelinaceae) 杜若属(*Pollia*)

杜若

【鉴别特征】多年生草本。根状茎长而横走；茎直立或上升，高 30～80cm，粗壮，不分枝，被短柔毛。叶鞘无毛；叶无柄，或叶基渐狭而延成带翅的柄；叶片长椭圆形，顶端长渐尖，近无毛，上面粗糙。蝎尾状聚伞花序常多个成轮排列；萼片 3 枚，无毛，宿存；花瓣白色，倒卵状匙形；雄蕊 6 枚全育，近相等。果球状，直径约 5mm，果皮黑色，每室有种子数颗。花期 7～9 月，果期 9～10 月。

【分布】台湾、福建、浙江、安徽南部、江西、湖北西南部、湖南、广东北部、广西、贵州、四川东南部。在国外分布于日本、朝鲜。

【用途】药用，治蛇虫咬伤及腰痛。

鸭跖草　*Commelina communis*

鸭跖草目(Commelinales) 鸭跖草科(Commelinaceae) 鸭跖草属(*Commelina*)

鸭跖草

【鉴别特征】一年生披散草本。茎匍匐生根，多分枝，长可达 1m，下部无毛，上部被短毛。叶披针形至卵状披针形。总苞片佛焰苞状，与叶对生，展开后为心形，顶端短急尖，基部心形，边缘常有硬毛；聚伞花序，下面一枝仅有不孕花 1 朵；上面一枝具花 3～4 朵，具短梗；萼片膜质，内面 2 枚常靠近或合生；花瓣深蓝色，内面 2 枚具爪，长近 1cm。蒴果椭圆形，2

室，2 裂，有种子 4 颗。种子一端平截，腹面平，有不规则窝孔。

【分布】云南、四川、甘肃以东的南北各省份。越南、朝鲜、日本、俄罗斯远东地区以及北美也有分布。模式标本采自北美。

【用途】药用，为消肿利尿、清热解毒之良药，对睑腺炎、咽炎、扁桃腺炎、宫颈糜烂、腹蛇咬伤有良好疗效。

华山姜 *Alpinia oblongifolia*

姜目(Zingiberales)姜科(Zingiberaceae)山姜属(*Alpinia*)

【鉴别特征】多年生草本。株高约 1m。叶披针形或卵状披针形，顶端渐尖或尾状渐尖，基部渐狭，两面均无毛；叶舌膜质，2 裂，具缘毛。花组成狭圆锥花序，分枝短，其上有花 2～4 朵；小苞片开花时脱落；花顶端具 3 齿，花冠管略超出；花冠裂片长圆形，后方的 1 枚稍大，兜状；唇瓣卵形，顶端微凹；侧生退化雄蕊 2 枚，钻状；花丝长约 5mm，花药长约 3mm；子房无毛。花期 5～7 月，果期 6～12 月。

【分布】我国东南部至西南部各省份。越南、老挝也有分布。

【用途】叶鞘纤维可制人造棉；根茎可供药用，能温中暖胃、散寒止痛，治胃寒冷痛、噎膈呕吐、腹痛泄泻、消化不良等症，又可提取芳香油，作调香原料。

舞花姜 *Globba racemosa*

姜目(Zingiberales)姜科(Zingiberaceae)舞花姜属(*Globba*)

【鉴别特征】多年生草本。株高 0.6～1m。茎基膨大。叶片顶端尾尖，基部急尖，叶片两面的脉上疏被柔毛或无毛；无柄或具短柄；叶舌及叶鞘口具缘毛。圆锥花序顶生，苞片早落；花黄色，各部均具橙色腺点；花萼管漏斗形，顶端具 3 齿；花冠管侧生；退化雄蕊披针形，与花冠裂片等长；唇瓣顶端 2 裂，反折，生于花丝基部稍上处，两侧无翅状附属体。蒴果椭圆形，无疣状突起。花期 6～9 月。

【分布】我国南部至西南部各省份。印度也有分布。

【用途】可供观赏；果实可入药。

三叶木通　*Akebia trifoliata*
毛茛目(Ranunculales)木通科(Ladizabalaceae)木通属(*Akebia*)

【鉴别特征】落叶木质藤本。掌状复叶互生或在短枝上簇生；叶柄直，长 7～11cm；小叶 3 片，纸质或薄革质，具小凸尖，边缘具波状齿或浅裂。总状花序，花梗丝状，萼片3；雄蕊6，离生，排列为杯状，花丝极短，药室在开花时内弯；退化心皮3，心皮 3～9 枚、离生。果成熟时灰白略带淡紫色。种子极多数，种皮红褐色或黑褐色，稍有光泽。花期 4～5 月，果期 7～8 月。

【分布】河北、山西、山东、河南、陕西南部、甘肃东南部至长江流域各省份。日本也有分布。

【用途】根、茎和果均入药，利尿、通乳，并有舒筋活络之效，治风湿关节痛；果也可食用及酿酒；种子可榨油。

野木瓜　*Stauntonia chinensis*
毛茛目(Ranunculales)木通科(Ladizabalaceae)野木瓜属(*Stauntonia*)

【鉴别特征】木质藤本。掌状复叶，小叶革质；中脉凹入，侧脉凸起。花雌雄同株，3～4 朵组成伞房花序式的总状花序；总花梗基部为芽鳞片所包托；蜜腺状花瓣 6 枚，舌状；花丝合生为管状，药隔突出所成之尖角状附属体与药室近等长；退化心皮小。果长圆形。种子近三角形，压扁；种皮深褐色至近黑色，有光泽。花期 3～4 月，果期 6～10 月。

【分布】广东、广西、香港、湖南、贵州、云南、安徽、浙江、江西、福建。

【用途】全株药用。

大血藤　*Sargentodoxa cuneata*
毛茛目(Ranunculales)木通科(Ladizabalaceae)大血藤属(*Sargentodoxa*)

【鉴别特征】落叶木质藤本，长逾 10m。全株无毛。

三出复叶，小叶革质，全缘。总状花序；苞片 1 枚，膜质；萼片 6，花瓣状，长圆形，顶端钝；花瓣 6，花丝的长度仅为花药的 1/2，药隔先端略突出；雌蕊多数，螺旋状生于卵状凸起的花托上，子房瓶形。浆果近球形，成熟时黑蓝色。种子卵球形，种皮黑色、光亮、平滑，种脐显著。花期 4～5 月，果期 6～9 月。

【分布】陕西、四川、贵州、湖北、湖南、云南、广西、广东、海南、江西、浙江、安徽。老挝、越南北部也有分布。

【用途】根及茎均可药用，有通经活络、散瘀痛、理气行血、杀虫等功效；茎皮含纤维，可制绳索；枝条可为藤条代用品。

八角莲 *Dysosma versipellis*

毛茛目(Ranunculales)小檗科(Berberidaceae)鬼臼属(*Dysosma*)

八角莲

【鉴别特征】多年生草本。植株高 40～150cm。须根，根茎粗壮。茎直立，不分枝。茎生叶 2 片，薄纸质，盾状，4～9 掌状浅裂，边缘具细齿。花梗纤细、下弯，被柔毛；花 5～8 朵簇生于离叶基部不远处；萼片 6，长圆状椭圆形，先端急尖，外面被短柔毛，内面无毛；花瓣 6，无毛；雄蕊 6，花丝短于花药，药隔先端急尖，无毛；子房无毛；花柱短，柱头盾状。浆果椭圆形。种子多数。花期 3～6 月，果期 5～9 月。

【分布】湖南、湖北、浙江、江西、安徽、广东、广西、云南、贵州、四川、河南、陕西。

【用途】根茎供药用，治跌打损伤、半身不遂、关节酸痛、毒蛇咬伤等。

三枝九叶草 *Epimedium sagittatum*

毛茛目(Ranunculales)小檗科(Berberidaceae)淫羊藿属(*Epimedium*)

三枝九叶草

【鉴别特征】多年生草本。植株高 30～50cm。多须根，根茎粗短，结节状，质硬。一回三出复叶基生和茎生；小叶 3 片，革质，叶片大小变化大，叶缘具刺齿；茎生叶 2 片，对生。圆锥花序常具 200 朵花，花较小；萼片 2 轮，外萼片 4

枚，其中一对狭卵形，另一对长圆状卵形，内萼片卵状三角形；花瓣囊状，淡棕黄色，先端钝圆；雌蕊花柱宿存。花期4～5月，果期5～7月。

【分布】浙江、安徽、福建、江西、湖北、湖南、广东、广西、四川、陕西、甘肃。

【用途】全草供药用，有补精强壮、祛风湿的功效，治阳痿、关节风湿痛等症。

阔叶十大功劳　*Mahonia bealei*
毛茛目(Ranunculales)小檗科(Berberidaceae)十大功劳属(*Mahonia*)

【鉴别特征】灌木或小乔木。株高0.5～4(8)m。叶狭倒卵形至长圆形，具4～10对小叶，上面暗灰绿色，背面被白霜；小叶厚革质，硬直，自下部往上小叶渐次变长而狭，边缘每边具2～6粗锯齿，先端具硬尖；顶生小叶较大，具柄。总状花序直立，3～9个簇生；花瓣基部腺体明显；雄蕊药隔不延伸；子房长，花柱短，胚珠3～4枚。浆果卵形。花期9月至翌年1月，果期3～5月。

【分布】浙江、安徽、江西、福建、湖南、湖北、陕西、河南、广东、广西、四川。在日本、墨西哥、美国温暖地区以及欧洲等地已广为栽培，在美国东部似已成为归化植物。

【用途】一种叶、花、果俱佳的观赏植物；全株入药，能清热解毒、消肿、止泻，治肺结核。

小果十大功劳　*Mahonia bodinieri*
毛茛目(Ranunculales)小檗科(Berberidaceae)十大功劳属(*Mahonia*)

【鉴别特征】灌木或小乔木。株高0.5～4m。叶倒卵状长圆形，具小叶8～13对；侧生小叶无叶柄，顶生小叶具柄，最下一对小叶近圆形，叶缘每边具3～10粗大刺锯齿。5～11个总状花序簇生；花瓣长圆形，基部腺体不明显，先端缺裂或微凹；雄蕊顶端平截，药隔不延伸；花柱不显，胚珠 2 枚。浆果球形，紫黑色，被白霜。花期 6～9 月，果期 8～12 月。

【分布】贵州、四川、湖南、广东、广西、浙江等。

【用途】具有极高的观赏价值。

禺毛茛 *Ranunculus cantoniensis*

毛茛目(Ranunculales)毛茛科(Ranunculaceae)毛茛属(*Ranunculus*)

禺毛茛

【鉴别特征】多年生草本。茎高达 65cm，与叶柄均被开展糙毛。须根伸长簇生。三出复叶，基生叶和下部叶有叶柄；小叶卵形至宽卵形，2～3 中裂，基部有膜质耳状宽鞘。多花，疏生；萼片卵形，开展；花瓣 5，蜜槽上有倒卵形小鳞片；花托生白色短毛。瘦果边缘有棱翼，喙基部宽扁，顶端弯钩状。花期 3～9 月。

【分布】云南、四川、贵州、广西、广东、福建、台湾、浙江、江西、湖南、湖北、江苏、浙江等。在国外分布于不丹、日本、朝鲜南部、尼泊尔。

【用途】全草含原白头翁素，捣敷发泡，治黄疸、目疾。

猫爪草 *Ranunculus ternatus*

毛茛目(Ranunculales)毛茛科(Ranunculaceae)毛茛属(*Ranunculus*)

猫爪草

【鉴别特征】一年生草本。茎高达 18cm，疏被柔毛。簇生多数肉质小块根，块根卵球形或纺锤形，顶端质硬，形似猫爪，直径 3～5mm。叶片形状多变，无毛；茎生叶无柄，叶片较小。萼片 5～7，疏生柔毛；花瓣 5～7 或更多，基部有爪，蜜槽棱形；花托无毛。聚合果近球形，瘦果卵球形，无毛，边缘有纵肋，喙细短。花期 3～5 月。

【分布】广西、台湾、江苏、浙江、江西、湖南、安徽、湖北、河南等。在国外分布于日本。

【用途】块根药用，内服或外敷，能散结消瘀，主治淋巴结核。

山木通 *Clematis finetiana*

毛茛目(Ranunculales)毛茛科(Ranunculaceae)铁线莲属(*Clematis*)

山木通

【鉴别特征】木质藤本。无毛。茎圆柱形，有纵条纹，小枝有棱。三出复叶，基部有时为单叶；小叶片薄革质或革质，卵状披针形、狭卵形至卵形。花常单生，或为聚伞花序、总状聚伞花序，腋生或顶生；苞片小；萼片开展，边缘密生短茸毛；雄蕊无毛，药隔明显。瘦果镰刀状狭卵形，长约5mm，有柔毛；宿存花柱长达3cm，有黄褐色长柔毛。花期4～6月。

【分布】云南、四川、贵州、河南(鸡公山)、湖北、湖南、广东、广西、福建等。

【用途】全株清热解毒、止痛、活血、利尿，治感冒、膀胱炎、尿道炎、跌打损伤。

单叶铁线莲 *Clematis henryi*

毛茛目(Ranunculales)毛茛科(Ranunculaceae)铁线莲属(*Clematis*)

单叶铁线莲

【鉴别特征】木质藤本。主根下部膨大成瘤状或地瓜状。单叶边缘具刺头状的浅齿；叶柄长2～6cm，幼时被毛，后脱落。聚伞花序腋生，花序梗细瘦，下部有2～4对线状苞片交叉对生；花钟状；萼片4枚，顶端钝尖，外面疏生紧贴的茸毛，边缘具白色茸毛，平行脉纹显著；雄蕊花丝线形，具1脉；心皮被短柔毛，花柱被绢状毛。瘦果狭卵形，花柱宿存。花期10月至翌年2月。

【分布】云南、四川南部和东部、贵州、广东北部、广西等。

【用途】膨大的根供药用。

短萼黄连 *Coptis chinensis* var. *brevisepala*

毛茛目(Ranunculales)毛茛科(Ranunculaceae)黄连属(*Coptis*)

【鉴别特征】多年生草本。与黄连的区别是：萼片较短，长约6.5mm，仅比花瓣长1/5～1/3。花期2～3

短萼黄连

月，果期 4～6 月。

【分布】广西、广东、福建、浙江、安徽等。模式标本采自广西全州。

【用途】同黄连。

尖叶唐松草　*Thalictrum acutifolium*
毛茛目(Ranunculales)毛茛科(Ranunculaceae)唐松草属(*Thalictrum*)

【鉴别特征】多年生草本。根肉质，胡萝卜形。茎高达 65cm，植株全部无毛。二回三出复叶；小叶草质，顶生小叶有较长柄，不分裂，边缘有疏牙齿；茎生叶较小，有短柄。花序稀疏；萼片 4；雄蕊多数，花药长圆形，花丝上部倒披针形，下部丝形；心皮 6～12，花柱短，腹面生柱头组织。瘦果扁，狭长圆形，稍不对称，有时稍镰状弯曲。花期 4～7 月。

【分布】四川东南部、贵州、广西、广东、湖南、江西、福建、浙江、安徽南部。

【用途】全草治全身黄肿、眼睛发黄等症。

蕨叶人字果　*Dichocarpum dalzielii*
毛茛目(Ranunculales)毛茛科(Ranunculaceae)人字果属(*Dichocarpum*)

【鉴别特征】多年生草本。植株全体无毛。根茎较短，密生多数黄褐色的须根。叶 3～11 片，全部基生，为鸟趾状复叶；叶片草质，中部以上具 3～4 对浅裂片，边缘有锯齿。复单歧聚伞花序；苞片无柄，3 全裂；花瓣金黄色，在凹缺中央具一小短尖；雄蕊多数；子房连花柱长约 2mm。蓇葖果倒人字状叉开，狭倒卵状披针形。种子约 8 颗。花期 4～5 月，果期 5～6 月。

【分布】四川(南川)、贵州、广西、广东、江西、福建西部、浙江。

【用途】根可药用，治红肿、疮毒等症。

血水草 *Eomecon chionantha*

毛茛目(Ranunculales)罂粟科(Papaveraceae)血水草属(*Eomecon*)

血水草

【鉴别特征】多年生无毛草本，具红黄色液汁。根状茎匍匐，多分枝。叶全部基生，叶片心形，边缘呈波状；网脉细，明显。花葶灰绿色略带紫红色，有3～5花，排列成聚伞状伞房花序；苞片先端渐尖，边缘薄膜质；花梗直立；花芽卵珠形，长约1cm，先端渐尖；萼片无毛；花瓣倒卵形，白色；子房无毛，柱头2裂，下延于花柱上。蒴果狭椭圆形。花期3～6月，果期6～10月。

【分布】安徽、浙江西南部、江西、福建北部和西部、广东、广西、湖南、湖北西南部、四川东部和东南部、贵州、云南。

【用途】全草入药，有毒，治劳伤咳嗽、跌打损伤、毒蛇咬伤、便血、痢疾等症。

夏天无 *Corydalis decumbens*

毛茛目(Ranunculales)罂粟科(Papaveraceae)紫堇属(*Corydalis*)

夏天无

【鉴别特征】多年生草本。株高达25cm。块茎小，圆形或多少伸长。二回三出复叶，全缘或深裂成卵圆形或披针形的裂片。总状花序疏具3～10朵花；苞片小，全缘；花近白色至淡粉红色或淡蓝色；萼片早落；外花瓣顶端下凹，常具狭鸡冠状突起；内花瓣具超出顶端的宽而圆的鸡冠状突起。蒴果线形，多少扭曲。具6～14种子，种子具龙骨状突起和泡状小突起。

【分布】江苏、安徽、浙江、福建、江西、湖南、湖北、山西、台湾。日本南部有分布。

【用途】块茎含延胡索甲素、延胡索乙素等多种生物碱，有舒筋活络、活血止痛的功效。

紫堇 *Corydalis edulis*

毛茛目(Ranunculales)罂粟科(Papaveraceae)紫堇属(*Corydalis*)

紫堇

【鉴别特征】一年生灰绿色草本。株高达50cm。具主根。茎分枝，具叶。花枝花葶状，常与叶对生。基生叶具长柄。总状花序，苞片全缘；萼片小，具齿；花平展，外花瓣较宽展，下花瓣近基部渐狭，内花瓣具鸡冠状突起；爪纤细，稍长于瓣片；柱头横向纺锤形，两端各具1乳突，上面具沟槽，槽内具极细小的乳突。蒴果线形，下垂。花果期4～7月。

【分布】辽宁、北京、河北、山西、河南、陕西、甘肃、四川、云南、贵州、湖北、江西、安徽、江苏、浙江、福建。在国外分布于日本。

【用途】全草药用，能清热解毒、止痒、收敛、固精、润肺、止咳。

刻叶紫堇 *Corydalis incisa*

毛茛目(Ranunculales)罂粟科(Papaveraceae)紫堇属(*Corydalis*)

刻叶紫堇

【鉴别特征】灰绿色直立草本。株高15～60cm。根茎短而肥厚，椭圆形，具束生的须根。茎不分枝或少分枝，具叶。叶具长柄，基部具鞘；叶片二回三出，裂片具缺刻状齿。总状花序，多花，先密集，后疏离；苞片约与花梗等长，菱形或楔形，具缺刻状齿；外花瓣顶端圆钝；柱头近扁四方形，顶端具4短柱状乳突，侧面具2对无柄的双生乳突。蒴果线形至长圆形，具1列种子。

【分布】河北南部、山西南部、河南、陕西南部、甘肃东南部、四川、湖北、湖南、广西东北部、安徽、江苏、浙江、福建、台湾等。在国外分布于日本、韩国。

【用途】全草药用，解毒杀虫，治疮癣、蛇咬伤。外用，不宜内服，含刻叶紫堇胺等多种生物碱。

小花黄堇 *Corydalis racemosa*

毛茛目(Ranunculales)罂粟科(Papaveraceae)紫堇属(*Corydalis*)

小花黄堇

【鉴别特征】灰绿色丛生草本。株高达50cm。具主根。茎具棱，分枝，具叶；枝条花葶状，常与叶对生。

一回羽片3～4对，具短柄；二回羽片1～2对，卵圆形至宽卵圆形，二回三深裂，末回裂片圆钝，近具短尖。总状花序，花瓣短囊状；柱头宽浅，具4乳突，顶生2枚呈广角状叉分。蒴果具1列种子。花果期2～9月。

【分布】甘肃、陕西、河南、四川、贵州、湖南、湖北、江西、安徽、江苏、浙江、福建、广东、香港、广西、云南、西藏、台湾。日本有分布。

【用途】全草入药，有杀虫解毒、外敷治疗疮和蛇伤的作用。

地锦苗 *Corydalis sheareri*
毛茛目(Ranunculales)罂粟科(Papaveraceae)紫堇属(*Corydalis*)

【鉴别特征】多年生草本。株高达40(～60)cm。主根明显，具多数纤维根。叶具带紫色的长柄，叶脉在表面明显。总状花序；雄蕊花药小，花丝披针形；子房狭椭圆形，具2列胚珠；花柱稍短于子房，柱头双卵形，绿色，具8～10乳突。蒴果狭圆柱形。种子近圆形，直径约1mm，黑色，具光泽，表面具多数乳突。花果期3～6月。

地锦苗

【分布】江苏南部、安徽南部、浙江、江西、福建、湖北、湖南、广东、香港、广西东北部、陕西南部、四川、贵州、云南东北部和东南部。

【用途】全草入药，治瘀血，根最好；四川都江堰用来泡酒治跌打损伤。

网脉山龙眼 *Helicia reticulata*
山龙眼目(Proteales)山龙眼科(Proteaceae)山龙眼属(*Helicia*)

【鉴别特征】乔木或灌木。株高达10m。芽被褐色或锈色短毛。叶革质或近革质，长圆形、卵状长圆形、倒卵形或倒披针形，边缘具细齿。总状花序腋生或生于小枝已落叶腋部，无毛；花梗常双生，基部或下半部彼此贴生；苞片披针形；花盘4裂；子房无毛。果椭圆状，直径约1.5cm，顶端具短尖；果

网脉山龙眼

皮干后革质，厚约 1mm，黑色。花期 5~7 月，果期 10~12 月。

【分布】云南东南部、贵州、广西、广东、湖南南部、江西（大余）、福建南部。

【用途】木材坚韧，淡黄色，适宜制作农具；种子煮熟，经浸泡 1~2d 后可食用；蜜源植物。

鄂西清风藤　*Sabia campanulata* subsp. *ritchieae*
山龙眼目（Proteales）清风藤科（Sabiaceae）清风藤属（*Sabia*）

【鉴别特征】藤本。与钟花清风藤相似，但本亚种的花深紫色，花梗长 1~1.5cm，花瓣长 5~6mm，果时不增大、不宿存而早落；花盘肿胀，高长于宽，基部最宽，边缘环状。

【分布】江苏中南部，安徽，浙江，福建，江西，广东北部，湖南，湖北，陕西南部，甘肃南部，四川东部、南部及西部，贵州。

【用途】可供观赏。

革叶清风藤　*Sabia coriacea*
山龙眼目（Proteales）清风藤科（Sabiaceae）清风藤属（*Sabia*）

【鉴别特征】常绿攀缘木质藤本。小枝深褐色。芽鳞三角状宽卵形，顶端尖。叶革质，长圆形或椭圆形，先端尖或渐尖，基部阔楔形或圆；叶面深绿色，有光泽。聚伞花序呈伞状；萼片 5，广卵形，长约 1mm；花瓣 5 枚，浅绿带紫红色，长圆状卵形或卵形；雄蕊 5 枚，花药内向开裂；花盘杯状。核有中肋，中肋两边各有一行蜂窝状凹穴，腹部微凹或平。花期 4 月，果期 9~11 月。

【分布】福建中南部，江西南部，广东北部、东部及南部。

【用途】可供观赏。

灰背清风藤　*Sabia discolor*
山龙眼目（Proteales）清风藤科（Sabiaceae）清风藤属（*Sabia*）

【鉴别特征】常绿攀缘木质藤本。嫩枝具纵条纹，

鄂西清风藤

革叶清风藤

灰背清风藤

无毛；老枝深褐色，具白蜡层。芽鳞阔卵形。叶纸质，两面均无毛；叶面绿色，干后黑色，叶背苍白色；侧脉每边 3～5 条。聚伞花序呈伞状；萼片 5；花瓣 5 枚，卵形或椭圆状卵形；雄蕊 5 枚，花药外向开裂，倒卵状圆形或倒卵形。核中肋显著凸起，呈翅状，两侧面有不规则的块状凹穴，腹部凸出。花期 3～4 月，果期 5～8 月。

【分布】浙江、福建、江西、广东、广西等。模式标本采自福建。

【用途】可供观赏。

清风藤 *Sabia japonica*
山龙眼目(Proteales) 清风藤科(Sabiaceae) 清风藤属(*Sabia*)

【鉴别特征】落叶攀缘木质藤本。芽鳞阔卵形，具缘毛。叶近纸质。花先于叶开放，单生于叶腋，基部有苞片 4 枚，苞片倒卵形；萼片 5，近圆形或阔卵形，具缘毛；花瓣 5 枚，淡黄绿色，倒卵形或长圆状倒卵形，具脉纹；雄蕊 5 枚，花药狭椭圆形，外向开裂；花盘杯状，有 5 裂齿；子房卵形，被细毛。核有明显的中肋，两侧面具蜂窝状凹穴，腹部平。花期 2～3 月，果期 4～7 月。

【分布】江苏、安徽、浙江、福建、江西、广东、广西。日本也有分布。

【用途】植株含清风藤碱等多种生物碱，供药用，治风湿、结核性关节炎、麻痹等。

尖叶清风藤 *Sabia swinhoei*
山龙眼目(Proteales) 清风藤科(Sabiaceae) 清风藤属(*Sabia*)

【鉴别特征】常绿攀缘木质藤本。叶纸质，叶面除嫩时中脉被毛外余无毛，叶背被短柔毛或仅在脉上有柔毛。聚伞花序有花 2～7 朵；萼片 5，有缘毛；花瓣 5 枚，浅绿色，卵状披针形或披针形；雄蕊 5 枚，花丝稍扁，花药内向开裂；花盘浅杯状；子房无毛。果深蓝色，近圆形或倒卵形，基部偏斜；核中肋不明显，两侧面有不规则的条块状凹穴，腹部凸出。花期 3~4 月，果期 7~9 月。

【分布】江苏、浙江、台湾、福建、江西、广东、广西、湖南、湖北、四川、贵州等。在国外分布于越南北部。

【用途】可供观赏。

红柴枝 *Meliosma oldhamii*
山龙眼目(Proteales)清风藤科(Sabiaceae)泡花树属(*Meliosma*)

红柴枝

【鉴别特征】落叶乔木。羽状复叶，小叶 7~15 片，叶总轴、小叶柄及叶两面均被褐色柔毛；小叶薄纸质，下部的卵形，先端急尖或锐渐尖，基部圆、阔楔形或狭楔形，边缘具疏离的锐尖锯齿；侧脉弯拱至近叶缘开叉网结，脉腋有髯毛。圆锥花序顶生，直立，具 3 次分枝，被褐色短柔毛；花白色；萼片 5，椭圆状卵形。核果球形，具明显凸起网纹，中肋明显隆起。花期 5~6 月，果期 8~9 月。

【分布】贵州、广西东北部、广东北部、江西、浙江、江苏、安徽、湖北、河南、陕西南部。朝鲜和日本也有分布。

【用途】木材坚硬，可作车辆用材；种子油可制润滑油。

板凳果 *Pachysandra axillaris*
黄杨目(Buxales)黄杨科(Buxaceae)板凳果属(*Pachysandra*)

板凳果

【鉴别特征】亚灌木。株高达 50cm。茎下部匍匐，具须状不定根，上部直立。叶坚纸质，边缘中部以上或大部分具粗齿牙；中脉在叶面平坦，在叶背凸出；叶背有极细的乳头，密被匀细的短柔毛，无伏卧长毛；叶柄长 2~4cm，被同样的细毛。花序腋生，开放前下垂，花轴及苞片均密被短柔毛；萼片覆瓦状排列，卵状披针形或长圆状披针形，无毛；花柱受粉后伸出花外甚长，上端旋卷。果熟时花柱宿存。花期 2~5 月，果期 9~10 月。

【分布】云南、四川、台湾等。

【用途】全株可入药。

蜡瓣花 *Corylopsis sinensis*

虎耳草目(Saxifragales)金缕梅科(Hamamelidaceae)蜡瓣花属(*Corylopsis*)

【鉴别特征】落叶灌木。叶边缘有锯齿，齿尖刺毛状；托叶窄矩形。总状花序有长茸毛；总苞状鳞片卵圆形，外面有柔毛，内面有长丝毛；苞片外面有毛；萼筒有星状茸毛，萼齿卵形，先端略钝，无毛；花瓣匙形；雄蕊比花瓣略短，退化雄蕊2裂，先端尖，与萼齿等长或略超出；子房有星毛，基部有毛。蒴果近圆球形，被褐色柔毛。种子黑色。花期4～7月，果期7～9月。

【分布】湖北、安徽、浙江、福建、江西、湖南、广东、广西及贵州等。

【用途】可供观赏；根、皮、叶可药用。

秃蜡瓣花 *Corylopsis sinensis* var. *calvescens*

虎耳草目(Saxifragales)金缕梅科(Hamamelidaceae)蜡瓣花属(*Corylopsis*)

【鉴别特征】落叶灌木。嫩枝及芽体无毛。叶阔卵形或矩圆状倒卵形，先端尖或渐尖，基部不等侧心形或近于平截，下面带灰色，秃净无毛，或仅在背脉上有毛，边缘有刺状齿突。总状花序长3～4cm，花序柄及花序轴均有茸毛，总苞状鳞片有毛，萼筒及子房有毛，萼齿无毛。蒴果有星毛。花期4～7月，果期7～9月。

【分布】四川、贵州东北部、湖南、江西、广东及广西等。

【用途】可供观赏；根、皮、叶可药用。

长柄双花木 *Disanthus cercidifolius* subsp. *longipes*

虎耳草目(Saxifragales)金缕梅科(Hamamelidaceae)双花木属(*Disanthus*)

【鉴别特征】多分枝灌木。小枝屈曲，叶片阔卵圆形，宽度大于长度，长 5~8cm，宽 6~9cm，先端钝或为圆形，背部不具灰色。花萼卵形，1~1.5mm；花瓣红色，线形，基部较宽，长约 7mm。果序柄较长，长 1.5~3.2cm。花期 10~12 月。

【分布】江西东部的军峰山及湖南的常宁及道县，以及湘粤交界的莽山。

【用途】可供观赏。

大果马蹄荷 *Exbucklandia tonkinensis*

虎耳草目(Saxifragales)金缕梅科(Hamamelidaceae)马蹄荷属(*Exbucklandia*)

大果马蹄荷

【鉴别特征】常绿乔木。嫩枝有褐色柔毛，老枝变秃净，节膨大，有环状托叶痕。叶革质，阔卵形，先端渐尖，全缘或幼叶为掌状 3 浅裂；上面深绿色，发亮；背面无毛，常有细小瘤状突。头状花序单生，花两性，稀单性，萼齿鳞片状，无花瓣，雄蕊约 13 枚，子房有黄褐色柔毛。头状果序，蒴果 7~9 个，卵圆形，表面有小瘤状突起。种子 6 颗，下部 2 颗有翅。花期 5~7 月，果期 8~9 月。

【分布】我国南部及西南各省份的山地常绿林，包括福建、江西及湖南的南部，海南，广西，以及云南的东南部。在国外分布于老挝、越南北部。

【用途】茎可入药。

檵木 *Loropetalum chinense*

虎耳草目(Saxifragales)金缕梅科(Hamamelidaceae)檵木属(*Loropetalum*)

檵木

【鉴别特征】灌木或小乔木。株高 8m。嫩枝有星毛，老枝秃净。芽体细小，有褐色茸毛。叶革质，全缘；托叶膜质，早落。花 3~8 朵簇生，有短花梗；苞片线形；萼筒杯状，被星毛；萼齿卵形，花后脱落；花瓣 4 枚，带状，先端圆或钝；雄蕊 4 枚，花丝极短，药隔突出成角状；退化雄蕊 4 枚，鳞片状，与雄蕊互生；子房完全下位，被星毛；花柱极短，长约 1mm；胚珠 1 枚，垂生于心皮内上角。蒴果卵圆形，先端圆，被褐色星状茸毛。种子圆卵形，黑色，发亮。花期 3～4 月，果期 5～7 月。

【分布】我国中部、南部及西南各省份。印度北部和日本有分布。

【用途】叶用于止血；根及叶用于跌打损伤，有去瘀生新的功效。

半枫荷 *Semiliquidambar cathayensis*

虎耳草目(Saxifragales)蕈树科(Altingiaceae)半枫荷属(*Semiliquidambar*)

半枫荷

【鉴别特征】常绿乔木。株高约 17m，胸径达 60cm。树皮灰色，稍粗糙。当年枝干后暗褐色，无毛，老枝灰色，有皮孔。芽体长卵形，略有短柔毛。叶簇生于枝顶，革质。雄花的短穗状花序常数个排成总状，长 6cm；花被全缺；雄蕊多数，花丝极短；花药先端凹入，长 1.2mm；雌花的头状花序单生，萼齿针形，有短柔毛；花柱先端卷曲，有柔毛；花序柄长 4.5cm，无毛。头状果序，有蒴果 22～28 个，宿存萼齿比花柱短。花期 3～6 月，果期 7～9 月。

【分布】江西南部、广西北部、贵州南部、广东。

【用途】根供药用，治风湿、跌打、瘀积肿痛、产后风瘫等。

交让木 *Daphniphyllum macropodum*

虎耳草目(Saxifragales) 交让木科(Daphniphyllaceae) 虎皮楠属(*Daphniphyllum*)

交让木

【鉴别特征】灌木或小乔木。株高达 11m。小枝粗壮，暗褐色，具圆形大叶痕。叶革质，12～18 对；叶柄紫红色，粗壮。雄蕊 8～10，花药短，花丝短；花萼不育；子房卵形，多少被白粉，基部具大小不等的不育雄蕊 10；花柱极短，柱头 2，外弯，扩展。果椭圆形，先端具宿存柱头，基部圆形，暗褐色，有时被白粉，具疣状皱褶，果梗纤细。花期 3～5 月，果期 8～10 月。

【分布】云南、四川、贵州、广西、广东、台湾、湖南、湖北、江西、浙江、安徽等省份。在国外分布于日本、朝鲜。

【用途】清热解毒，主治疮疖肿毒。

虎皮楠 *Daphniphyllum oldhamii*
虎耳草目(Saxifragales) 交让木科(Daphniphyllaceae) 虎皮楠属(*Daphniphyllum*)

【鉴别特征】乔木。株高5～10m。小枝暗褐色，具稀疏皮孔。叶纸质，长圆状披针形，先端渐尖，具细尖头，基部阔楔形；叶面干后暗褐色，略具光泽；叶背显著被白粉，具细小乳突；侧脉12～18对，在叶面凸起。花未见。果序纤细；果梗长约10mm；果斜卵形，具直立宿存花柱；柱头2，外弯，基部渐狭而成短柄；无宿存花萼；表面暗褐色，具小疣状突起，略被白粉。花期3～5月，果期8～11月。

虎皮楠

【分布】台湾、福建、浙江、江西、广东、湖南、湖北、四川。在国外分布于日本、朝鲜。

【用途】可供观赏。

大叶火焰草 *Sedum drymarioides*
虎耳草目(Saxifragales) 景天科(Crassulaceae) 景天属(*Sedum*)

【鉴别特征】一年生草本。植株全体有腺毛。茎斜上。下部叶对生或4叶轮生，上部叶互生，卵形，基部宽楔形并下延成柄。花序疏圆锥状；花少数，两性；萼片5，长圆形至披针形，先端近急尖；花瓣5，白色，长圆形，先端渐尖；雄蕊10；鳞片5，宽匙形，先端有微缺至浅裂；心皮5，略叉开。种子长圆状卵形，有纵纹。花期4～6月，果期8月。

大叶火焰草

【分布】广西、广东、台湾、福建、湖北东部、湖南、江西、安徽、浙江、河南。日本也有分布。

【用途】全株可入药。

凹叶景天 *Sedum emarginatum*
虎耳草目(Saxifragales) 景天科(Crassulaceae) 景天属(*Sedum*)

【鉴别特征】多年生草本。高10～15cm。茎细弱。

凹叶景天

叶对生，匙状倒卵形至宽卵形，有微缺，基部渐狭，有短距。花序聚伞状，顶生，有多花，常有 3 个分枝；花无梗；萼片 5，披针形至狭长圆形，先端钝，基部有短距；花瓣 5，黄色，线状披针形至披针形；鳞片 5，长圆形，长 0.6mm，钝圆；心皮 5，长圆形，基部合生。蓇葖果略叉开，腹面有浅囊状隆起。种子细小，褐色。花期 5～6 月，果期 7 月。

【分布】云南、四川、湖北、湖南、江西、安徽、浙江、江苏、甘肃、陕西。

【用途】全草药用，可清热解毒、散瘀消肿，治跌打损伤、热疖、疮毒等。

肾萼金腰 *Chrysosplenium delavayi*
虎耳草目(Saxifragales)虎耳草科(Saxifragaceae)金腰属(*Chrysosplenium*)

【鉴别特征】多年生草本。株高达 13cm。不育枝出自茎下部叶腋。叶对生，两面无毛，边缘具 7～10 圆齿。聚伞花序，花序分枝无毛；苞叶阔卵形，边缘具 6～9 圆齿；萼片在花期开展，凹处具 1 褐色乳头状突起，边缘有时相互叠接；雄蕊 8；子房近下位；花盘 8 裂，周围疏生褐色乳头状突起。蒴果先端近平截而微凹，2 果瓣近等大且水平状叉开。花果期 3～6 月。

【分布】台湾、湖北、湖南、广西、四川、贵州、云南等。在国外分布于缅甸北部。

【用途】具有清热解毒、生肌之功效，用于小儿惊风、烫伤、痈疮肿毒。

柔毛金腰 *Chrysosplenium pilosum* var. *valdepilosum*
虎耳草目(Saxifragales)虎耳草科(Saxifragaceae)金腰属(*Chrysosplenium*)

【鉴别特征】多年生草本。本变种与原变种的区别在于本变种茎生叶和苞叶边缘具明显钝齿(原变种具不明显的波状圆齿)，腹面无毛，背面和边缘具褐色柔毛(原变种两面均无毛)，种子的纵沟较浅(原变种纵沟较深)。株高达 14.5cm。花果期 4～7 月。

【分布】黑龙江、吉林、辽宁、河北、山西、陕西、甘肃南部、青海等。在国外分布于朝鲜。

【用途】可供观赏。

虎耳草 *Saxifraga stolonifera*

虎耳草目(Saxifragales)虎耳草科(Saxifragaceae)虎耳草属(*Saxifraga*)

虎耳草

【鉴别特征】多年生草本。茎高达 45cm，被长腺毛，具 1～4 片苞片状叶。基生叶具长柄，裂片边缘具不规则齿牙和腺睫毛；腹面绿色，被腺毛；背面通常红紫色，被腺毛，有斑点，具掌状达缘脉序。花梗先端急尖，边缘具腺睫毛，腹面无毛，背面被褐色腺毛；花中上部具紫红色斑点，基部具黄色斑点，羽状脉序；2 心皮下部合生；子房卵球形，花柱 2，叉开。花果期 4～11 月。

【分布】河北(小五台山)、陕西、甘肃东南部、江苏、安徽、浙江、江西、福建、台湾、河南、湖北、湖南、广东、广西、四川东部、贵州、云南东部和西南部。朝鲜、日本也有。

【用途】全草入药，微苦、辛、寒，有小毒，祛风清热、凉血解毒。

黄水枝 *Tiarella polyphylla*

虎耳草目(Saxifragales)虎耳草科(Saxifragaceae)黄水枝属(*Tiarella*)

黄水枝

【鉴别特征】多年生草本。株高达 45cm。根状茎横走；茎不分枝，密被腺毛。基生叶具长柄，叶片先端急尖，基部心形，掌状 3～5 浅裂，边缘具不规则浅齿；叶柄长 2～12cm，基部扩大呈鞘状，密被腺毛；托叶褐色；茎生叶通常 2～3 片，与基生叶同型。总状花序，密被腺毛；萼片在花期直立，卵形，先端稍渐尖，腹面无毛，背面和边缘具短腺毛，3 至多脉；无花瓣；雄蕊花丝钻形；心皮 2，不等大，下部合生；子房近上位，花柱 2。蒴果长 7～12mm。花果期 4～11 月。

【分布】陕西南部、甘肃（陇南）、江西、台湾、湖北、湖南、广东、广西、四川、贵州、云南和西藏南部。日本、中南半岛北部、不丹、尼泊尔等也有分布。

【用途】全草入药，苦，寒，清热解毒、活血祛瘀、消肿止痛，主治痈疖肿毒、跌打损伤及咳嗽气喘等；供观赏。

广东蛇葡萄 *Ampelopsis cantoniensis*

葡萄目(Vitales)葡萄科(Vitaceae)蛇葡萄属(*Ampelopsis*)

【鉴别特征】木质藤本。小枝圆柱形，有纵棱纹。卷须2叉分枝，相隔2节间断与叶对生。叶为二回羽状复叶或小枝上部着生有一回羽状复叶。花序为伞房状多歧聚伞花序，顶生或与叶对生；萼碟形，边缘呈波状，无毛；花瓣5，卵椭圆形；雄蕊5，花药卵圆形；子房下部与花盘合生。种子基部喙尖锐。花期4～7月，果期8～11月。

【分布】安徽、浙江、福建、台湾、湖北、湖南、广东、广西、海南、贵州、云南、西藏等。

【用途】清热解毒、祛风活络，用于止痛、止血、敛疮。

显齿蛇葡萄 *Ampelopsis grossedentata*

葡萄目(Vitales)葡萄科(Vitaceae)蛇葡萄属(*Ampelopsis*)

【鉴别特征】木质藤本。小枝圆柱形，有显著纵棱纹，无毛。卷须2叉分枝，相隔2节间断与叶对生。小叶卵圆形，边缘每侧有2～5个锯齿；托叶早落。花序为伞房状多歧聚伞花序，与叶对生；萼碟形，边缘波状浅裂；花瓣5，无毛；雄蕊5，花药卵圆形；子房下部与花盘合生，花柱钻形，柱头不明显扩大。果近球形。有种子2～4颗。花期5～8月，果期8～12月。

【分布】江西、福建、湖北、湖南、广东、广西、贵州、云南。

【用途】可药用。

乌蔹莓 *Causonis japonica*

葡萄目(Vitales)葡萄科(Vitaceae)乌蔹莓属(*Causonis*)

乌蔹莓

【鉴别特征】草质藤本。小枝有纵棱纹。叶为鸟足状5小叶,边缘每侧有6~15个锯齿,上面绿色,侧脉5~9对;侧生小叶无柄或有短柄;托叶早落。花序腋生;花蕾卵圆形,顶端圆形;萼碟形,边缘全缘或波状浅裂;雄蕊4,花药卵圆形,长、宽近相等;花盘发达,4浅裂;子房下部与花盘合生,花柱短,柱头微扩大。果实近球形,有种子2~4颗。花期3~8月,果期8~11月。

【分布】陕西、河南、山东、安徽、江苏、浙江、湖北、湖南、福建、台湾、广东、广西、海南、四川、贵州、云南等。日本、菲律宾、越南、缅甸、印度、印度尼西亚和澳大利亚也有分布。

【用途】全草入药,有凉血解毒、利尿消肿之功效。

俞藤 *Yua thomsonii*

葡萄目(Vitales)葡萄科(Vitaceae)俞藤属(*Yua*)

俞藤

【鉴别特征】木质藤本。卷须2叉分枝,相隔2节间断与叶对生。叶为掌状5小叶,草质,上半部边缘有4~7个细锐锯齿。花序为复二歧聚伞花序,与叶对生,无毛;萼碟形,无毛;花瓣5;雄蕊5,长约2.5mm,花药长椭圆形;花柱细,柱头不明显扩大。果实紫黑色,味淡甜。种子梨形,顶端微凹,背面种脐达种子中部,腹面两侧洼穴从基部达种子2/3处。花期5~6月,果期7~9月。

【分布】安徽、江苏、浙江、江西、湖北、广西、贵州东南部、湖南、福建西南部和四川东南部。在国外分布于印度、尼泊尔。

【用途】根入药,治疗关节炎等症。

酢浆草 *Oxalis corniculata*

酢浆草目(Oxalidales)酢浆草科(Oxalidaceae)酢浆草属(*Oxalis*)

酢浆草

【鉴别特征】一年生或多年生草本。高 10～35cm，全株被柔毛。根茎稍肥厚。茎细弱，多分枝，直立或匍匐，匍匐茎节上生根。叶基生或茎上互生，边缘密被长柔毛，基部与叶柄合生，或同一植株下部托叶明显而上部托叶不明显；小叶 3，边缘具贴伏缘毛。花单生或数朵集为伞形花序，腋生，总花梗淡红色，与叶近等长，果后延伸；小苞片 2，膜质；萼片 5，宿存；子房 5 室，被短伏毛；花柱 5，柱头头状。蒴果长圆柱形，5 棱。花果期 2～9 月。

【分布】全国广布。不丹、印度、日本、朝鲜、马来西亚、缅甸、尼泊尔、巴基斯坦、俄罗斯、泰国也有分布，几乎世界广布。

【用途】全草入药，解热利尿、消肿散瘀；茎叶含草酸，可用以磨镜或擦铜器，使其具光泽。牛、羊取食过多可中毒致死。

红花酢浆草 *Oxalis corymbosa*

酢浆草目(Oxalidales)酢浆草科(Oxalidaceae)酢浆草属(*Oxalis*)

红花酢浆草

【鉴别特征】多年生直立草本。无地上茎，地下部分有球状鳞茎，外层鳞片膜质，无毛。叶基生，小叶 3 片；托叶长圆形，与叶柄基部合生。总花梗基生，花梗、苞片、萼片均被毛；萼片 5 枚，先端有暗红色长圆形的小腺体 2 个，顶部腹面被疏柔毛；花瓣 5 枚，倒心形，淡紫色至紫红色，基部颜色较深；雄蕊 10 枚，长的 5 枚超出花柱，花丝被长柔毛；子房 5 室，花柱 5。花果期 3～12 月。

【分布】河北、陕西、华东、华中、华南、四川和云南等。原产于热带南美洲，被引入世界暖温带地区的许多地方栽培供观赏。

【用途】全草入药，治跌打损伤、赤白痢，止血。

黄花酢浆草 *Oxalis pes-caprae*

酢浆草目(Oxalidales)酢浆草科(Oxalidaceae)酢浆草属(*Oxalis*)

【鉴别特征】 多年生草本。株高 5～10cm。根状茎
匍匐，具块茎；地上茎短缩不明显或无地上茎，基部具　黄花酢浆草
褐色膜质鳞片。无托叶；小叶 3，倒心形，先端深凹陷，基部楔形，
两面被柔毛，具紫斑。伞形花序基生；花梗与苞片近等长或稍长，
被柔毛，下垂；萼片披针形，先端急尖，边缘白色、膜质，具缘
毛；花瓣先端圆形、微凹，基部具爪；雄蕊 10，2 轮，内轮长为外
轮的 2 倍，花丝基部合生。

【分布】 原产于南非。我国南方地区有栽培。

【用途】 全草入药，解热利尿、消肿散瘀。

褐毛杜英 *Elaeocarpus duclouxii*

酢浆草目(Oxalidales)杜英科(Elaeocarpaceae)杜英属(*Elaeocarpus*)

【鉴别特征】 常绿乔木。高 20m。叶聚生于枝顶，
革质，边缘有小钝齿；叶柄被褐色毛。总状花序常生于　褐毛杜英
无叶的上一年枝条上，被褐色毛；小苞片 1 枚，生于花柄基部，被
毛；花柄被毛；萼片 5 枚，两面有柔毛；花瓣 5 枚，上半部撕裂；
雄蕊 28～30 枚；花柱基部有毛；子房 3 室，被毛，每室有胚珠 2
枚。核果椭圆形，内果皮坚骨质，表面多沟纹。花期 6～7 月。

【分布】 云南、贵州、四川、湖南、广西、广东及江西。

【用途】 树皮可作染料；木材为栽培香菇的良好段木；果实可
食用；种子油可作肥皂和润滑油；根能散瘀消肿，治疗跌打、损伤、
瘀肿。

猴欢喜 *Sloanea sinensis*

酢浆草目(Oxalidales)杜英科(Elaeocarpaceae)猴欢喜属(*Sloanea*)

【鉴别特征】 乔木。高 20m。叶薄革质，形状及大
小多变，常为长圆形或狭窄倒卵形，常全缘。花多朵簇　猴欢喜

生于枝顶叶腋；花柄被灰色毛；萼片 4 枚，两侧被柔毛；花瓣 4 枚，白色，先端撕裂，有齿刻；子房被毛，花柱连合。蒴果 3～7 片裂开，果片长短不一，具针刺，内果皮紫红色。种子黑色，假种皮黄色。花期 9～11 月，果期翌年 6～7 月。

【分布】广东、海南、广西、贵州、湖南、江西、福建、台湾和浙江。越南有分布。

【用途】可供观赏。

东方古柯 *Erythroxylum sinense*

金虎尾目(Malpighiales)古柯科(Erythroxylaceae)古柯属(*Erythroxylum*)

【鉴别特征】灌木或小乔木，高 1～6m。叶纸质，长椭圆形、倒披针形或倒卵形。花腋生，或单花腋生，花梗长 4～6mm；萼片 5，基部合生成浅杯状；花瓣卵状长圆形；雄蕊 10，不等长或近于等长，基部合生成浅杯状，花丝有乳头状毛状体，短花柱花的雄蕊几与花瓣等长，长花柱花的雄蕊几与萼片等长；子房长圆形。核果长圆形。花期 4～5 月，果期 5～10 月。

东方古柯

【分布】浙江、福建、江西、湖南、广东、广西、云南和贵州。在国外分布于印度东北部、越南、缅甸北部。

【用途】具有定喘、止痛、健脾之功效。

木竹子 *Garcinia multiflora*

金虎尾目(Malpighiales)藤黄科(Clussiaceae)藤黄属(*Garcinia*)

【鉴别特征】乔木，稀灌木。高(3)5～15m。叶革质，卵形或长圆状卵形，边缘微反卷。花杂性，同株。雄花序呈聚伞状圆锥花序或单生，萼片 2 大 2 小，花瓣橙黄色；花丝合生成 4 束，高于退化雌蕊；退化雌蕊柱状，具盾状柱头，4 裂。雌花序有雌花 1～5 朵，退化雄蕊束短于雌蕊，柱头盾形。果实卵圆形至倒卵圆形，盾状柱头宿存，偶有花果并存。花期 6～8 月，果期 11～12 月。

木竹子

【分布】台湾、福建、江西、湖南西南部、广东、海南、广西、贵州南部、云南等。在国外分布于越南北部。

【用途】种子含油量 51.22%，种仁含油量 55.6%，可供制肥皂和机械润滑油用；树皮入药，有消炎功效，可治各种炎症；木材暗黄色，坚硬，可作舶板、家具及工艺雕刻用材。

如意草　*Viola arcuata*

金虎尾目(Malpighiales)堇菜科(Violaceae)堇菜属(*Viola*)

【鉴别特征】多年生草本。高 5～20cm。根茎短粗，节密生须根；地上茎常丛生。基生叶宽心形或肾形，边缘具圆齿，叶柄较长、具翅；托叶褐色，下部与叶柄合生，上部离生。茎生叶基部的弯缺较深，叶柄较短、具极狭的翅；托叶绿色，离生，常全缘。花小，白色或淡紫色，生于茎生叶的叶腋，具细弱的花梗。蒴果长圆形或椭圆形。花果期 5～10 月。

【分布】吉林、辽宁、河北、陕西、甘肃、江苏、安徽、浙江、江西、福建、台湾、河南、湖北、湖南、广东、广西、四川、贵州、云南。在国外分布于不丹、印度、印度尼西亚、日本、朝鲜、马来西亚、蒙古国、缅甸、巴布亚新几内亚、尼泊尔、俄罗斯、泰国、越南。

【用途】全草供药用，清热解毒，可治节疮、肿毒等。

深圆齿堇菜　*Viola davidii*

金虎尾目(Malpighiales)堇菜科(Violaceae)堇菜属(*Viola*)

【鉴别特征】多年生草本。高 4～9cm。几无或无地上茎。有时具匍匐枝。根状茎细，节密生。叶基生，叶片圆形或肾形，边缘具圆齿；托叶褐色，离生或仅基部与叶柄合生，边缘有疏细齿。花白色或淡紫色，花瓣倒卵状长圆形；萼片披针形，边缘膜质；花柱棍棒状，基部膝曲，柱头前方具短喙。蒴果椭圆形，常具褐色腺点。花期 3～6 月，果期 5～8 月。

【分布】陕西南部、湖北、湖南、福建、广东、广西、四川、贵州、云南等。

【用途】药用，功效主要为清肠排毒、润肠通便。

七星莲　*Viola diffusa*

金虎尾目(Malpighiales)堇菜科(Violaceae)堇菜属(*Viola*)

【鉴别特征】一年生草本。全株被糙毛或白色柔毛或近无毛，花期生出地上匍匐枝。根茎短，具多条白色细根及纤维状根。基生叶多数，丛生呈莲座状，或于匍匐枝上互生，叶片卵形或卵状长圆形，边缘具钝齿及缘毛；托叶基部与叶柄合生，2/3离生，边缘具疏细齿。花较小，淡紫色或浅黄色，生于基生叶或匍匐枝叶丛的叶腋；萼片披针形，边缘疏生睫毛。蒴果长圆形，顶端常具宿存的花柱。花期3～5月，果期5～8月。

七星莲

【分布】浙江、台湾、四川、云南、西藏等。印度、尼泊尔、菲律宾、马来西亚、日本也有分布。

【用途】全草入药，清热解毒，外用可消肿、排脓。

柔毛堇菜　*Viola fargesii*

金虎尾目(Malpighiales)堇菜科(Violaceae)堇菜属(*Viola*)

【鉴别特征】多年生草本，全体被开展的白色柔毛。株高4～7cm。根茎较粗壮；匍匐枝较长，有柔毛。叶近基生或互生于匍匐枝上，卵形或宽卵形，边缘具浅钝齿，叶柄密被长柔毛；托叶多离生，褐色或带绿色。花白色，花瓣长圆状倒卵形；萼片狭卵状披针形或披针形，具柔毛。蒴果长圆形。花期3～6月，果期6～9月。

柔毛堇菜

【分布】江苏、安徽、浙江、江西、福建、湖北、湖南、广东、广西、四川、贵州、云南、西藏。

【用途】药用，清热解毒、消肿止痛。

福建堇菜　*Viola kosanensis*

金虎尾目(Malpighiales)堇菜科(Violaceae)堇菜属(*Viola*)

【鉴别特征】多年生草本。无地上茎，根茎垂直。

福建堇菜

叶基生或互生于匍匐枝上，叶片长圆状卵形或卵形，边缘具浅圆齿，叶背常有腺点；托叶离生，深褐色，边缘具齿。花淡紫色，花瓣常有腺点；萼片披针形，边缘膜质，常有褐色腺点；子房卵球形，有锈色腺点；花柱棍棒状，柱头顶部有乳头状突起，前方具极短的喙。蒴果近球形或长圆形，被锈色腺点。花期春夏，果期秋季。

【分布】江西、湖南、广东、海南及广西等。

【用途】清肠排毒、润肠通便。

紫花地丁 *Viola philippica*

金虎尾目(Malpighiales)堇菜科(Violaceae)堇菜属(*Viola*)

【鉴别特征】多年生草本。株高达 14(～20)cm。无地上茎。叶基生，莲座状，下部叶片呈三角状卵形或狭卵形，上部叶片呈长圆形或狭卵状披针形，边缘具圆齿；托叶膜质，苍白色或淡绿色，2/3～4/5 与叶柄合生。花紫色或淡紫色，稀白色，花瓣倒卵形或长圆状倒卵形，喉部具紫色条纹；萼片边缘具膜质白边；子房卵形；花柱棍棒状，柱头三角形，前方具短喙。蒴果长圆形。花果期 4 月中下旬至 9 月。

【分布】黑龙江、吉林、辽宁、内蒙古、河北、山西、陕西、甘肃、山东、江苏、安徽、浙江、江西、福建、台湾、河南、湖北、湖南、广西、四川、贵州、云南。朝鲜、日本、俄罗斯远东地区也有分布。

【用途】全草供药用，清热解毒、凉血消肿；嫩叶可作野菜；可作早春观赏花卉。

垂柳 *Salix babylonica*

金虎尾目(Malpighiales)杨柳科(Salicaceae)柳属(*Salix*)

【鉴别特征】乔木。高达 12～18m。枝细，下垂，淡褐色或褐黄色。叶狭披针形或线状披针形，叶缘有锯齿，叶柄有短柔毛；托叶仅生在萌发枝上，边缘有齿。花序先于叶开放或同时开放；雄花序长 1.5～2(3)cm，有短梗，雄蕊 2，花药红黄色，腺体 2；雌花序长达 2～3(5)cm，有梗，基部有 3～4 小叶，腺体 1。蒴果带绿黄褐色。花期 3～4 月，果期 4～5 月。

【分布】长江流域与黄河流域，其他各地均栽培。亚洲其他国家及欧洲有分布。

【用途】为优美的绿化树种；木材可制家具；枝条可编筐；树皮含鞣质，可提制栲胶；叶可作羊饲料。

山桐子 *Idesia polycarpa*

金虎尾目(Malpighiales)大风子科(Flacourtiaceae)山桐子属(*Idesia*)

【鉴别特征】落叶乔木。高 8～21m。树皮不裂。小枝圆柱形，黄棕色，具皮孔。叶薄革质或厚纸质，卵形或心状卵形，边缘有粗齿，齿尖有腺体。花单性，雌雄异株或杂性，黄绿色，有芳香；圆锥花序，顶生下垂，花序梗有疏柔毛；雄花比雌花稍大，花丝被软毛，有退化子房；雌花稍小，子房上位，退化雄蕊多数。浆果扁圆形。花期 4～5 月，果期 10～11 月。

【分布】甘肃南部、陕西南部、山西南部、河南南部、台湾北部和西南、中南、华东、华南等。在国外分布于日本、朝鲜。

【用途】木材松软，可作建筑、家具、器具等的用材；为山地营造速生混交林和经济林的优良树种；花芳香，有蜜腺，为蜜源植物；树形优美，果实长序，结果累累，果色朱红，形似珍珠，风吹袅袅，为山地、园林的观赏树种；果实、种子可榨油。

白木乌桕 *Neoshirakia japonica*

金虎尾目(Malpighiales)大戟科(Euphorbiaceae)白木乌桕属(*Neoshirakia*)

【鉴别特征】灌木或乔木。高 1～8m。叶卵形或椭圆形，纸质，全缘，互生；托叶膜质。花单性，总状花序，雌雄同株，常同序，雌花生于花序轴基部，雄花生于花序轴上部，或整个花序全为雄花；雄花花梗丝状，花萼杯状、3 裂，雄蕊 3 枚，稀 2 枚；雌花花梗粗壮，萼片 3、三角形，子房卵球形、3

室，花柱基部合生。蒴果三棱状球形。花期 5～6 月。

【分布】山东、安徽、江苏、浙江、福建、江西、湖北、湖南、广东、广西、贵州和四川。日本和朝鲜也有。

【用途】叶和皮等药用，消肿利尿，可缓解膝关节疼痛。

红背山麻秆 *Alchornea trewioides*

金虎尾目(Malpighiales)大戟科(Euphorbiaceae)山麻秆属(*Alchornea*)

【鉴别特征】灌木。高 1～2m。叶薄纸质，阔卵形，叶背浅红色；小托叶披针形；托叶钻状，具毛，凋落。雌雄异株。雄花序穗状，雄花 11～15 朵簇生于苞腋；苞片三角形；萼片 4 枚，无毛；雄蕊 8 枚。雌花序总状，顶生，具花 5～12 朵；苞片狭三角形；萼片 5 枚，被短柔毛；子房球形，被短茸毛；花柱 3 个，线状。蒴果球形，具 3 圆棱，被微柔毛。花期 3～5 月，果期 6～8 月。

【分布】福建南部和西部、江西南部、湖南南部、广东、广西、海南。模式标本采自我国香港。泰国北部、越南北部也有分布。

【用途】枝、叶煎水，外洗治风疹。

油桐 *Vernicia fordii*

金虎尾目(Malpighiales)大戟科(Euphorbiaceae)油桐属(*Vernicia*)

【鉴别特征】落叶乔木。高达 10m。叶卵圆形，全缘，掌状脉 5(～7)条；叶柄顶端有 2 个腺体。花雌雄同株，先于叶或与叶同时开放；花瓣白色，有淡红色脉纹，倒卵形；雄蕊 8～12 枚，2 轮，外轮离生，内轮花丝中部以下合生；子房密被柔毛，3～5(8)室；花柱与子房室同数，2 裂。核果近球状。花期 3～4 月，果期 8～9 月。

【分布】陕西、河南、江苏、安徽、浙江、江西、福建、湖南、湖北、广东、海南、广西、四川、贵州、云南等。越南也有分布。

【用途】本种是我国重要的工业油料植物，桐油是我国的外贸商品；果皮可制活性炭或提取碳酸钾。

算盘子 *Glochidion puberum*

金虎尾目(Malpighiales)叶下珠科(Phyllanthaceae)算盘子属(*Glochidion*)

算盘子

【鉴别特征】直立灌木。高1～5m。多分枝。叶片纸质或近革质，长圆形或倒卵状长圆形，稀披针形；托叶三角形。花小，2～5朵簇生于叶腋内，雄花束常着生于小枝下部，雌花束则在上部，或生于同一叶腋内；雄花花梗长，雄蕊3，合生呈圆柱状；雌花花梗短，子房圆球状，5～10室，花柱合生呈环状。蒴果扁球状，顶端宿存花柱。花期4～8月，果期7～11月。

【分布】陕西、甘肃、江苏、安徽、浙江、江西、福建、台湾、河南、湖北、湖南、广东、海南、广西、四川、贵州、云南和西藏等。在国外分布于日本。

【用途】种子含油量20%，可榨油，供制肥皂或作润滑油；根、茎、叶和果实均可药用，有活血散瘀、消肿解毒之效，也可作农药；全株可提制栲胶；叶可作绿肥，置于粪池可杀蛆；本种在华南荒山灌丛极为常见，为酸性土壤的指示植物。

日本五月茶 *Antidesma japonicum*

金虎尾目(Malpighiales)叶下珠科(Phyllanthaceae)五月茶属(*Antidesma*)

日本五月茶

【鉴别特征】乔木或灌木。高2～8m。叶片纸质至近革质，椭圆形、长椭圆形至长圆状披针形；托叶线形，早落。总状花序顶生，不分枝或有少数分枝；雄花花萼钟状，3～5裂，裂片卵状三角形，雄蕊2～5枚；雌花花萼与雄花相似，但较小；子房卵圆形，柱头2～3裂。核果椭圆形。花期4～6月，果期7～9月。

【分布】我国长江以南各省份。在国外分布于日本、马来西亚、泰国、越南。

【用途】种子含油量48%，为以亚麻酸为主的油脂。

异药花 *Fordiophyton faberi*

桃金娘目(Myrtales)野牡丹科(Melastomataceae)异药花属(*Fordiophyton*)

异药花

【鉴别特征】草本或亚灌木。株高达 80cm。茎四棱形，有槽。叶片膜质，广披针形至卵形，叶柄被白色腺点。聚伞花序或伞形花序顶生，花序梗基部具 1 圈覆瓦状排列的苞片；苞片广卵形或近圆形，紫红色；花萼长漏斗形，具四棱，被腺毛及白色小腺点；花瓣红色或紫红色，顶端偏斜，具腺毛状小尖头；子房顶端具膜质冠，冠檐具缘毛。蒴果倒圆锥形。花期 8～9 月，果期约 6 月。

【分布】四川、贵州、云南等。

【用途】四川宜宾一带用叶揉搓后擦漆疮或用作猪饲料。

过路惊 *Tashiroea quadrangularis*

桃金娘目(Myrtales)野牡丹科(Melastomataceae)鸭脚茶属(*Tashiroea*)

过路惊

【鉴别特征】小灌木。高 30～120cm。分枝多，小枝四棱形。叶片坚纸质，卵形至椭圆形。聚伞花序生于枝条顶端，有花 3～9 朵或略多；苞片小，钻形；花萼短钟形，具四棱，裂片呈浅波状；花瓣玫瑰色至紫色，卵形；雄蕊 4 长 4 短；子房半下位，扁球形。蒴果杯形，四棱，顶端平截，露出宿存萼外；宿存萼浅杯形，四棱。花期 6～8 月，果期 8～10 月。

【分布】浙江、江西、福建等。

【用途】全株药用，治小儿夜间惊哭。

锦香草 *Phyllagathis cavaleriei*

桃金娘目(Myrtales)野牡丹科(Melastomataceae)锦香草属(*Phyllagathis*)

锦香草

【鉴别特征】草本。高 10～15cm。茎直立或匍匐，四棱形。叶片纸质或近膜质，广卵形或圆形，边缘具不明显的细齿及缘毛，叶面和叶柄密被长粗毛。伞形花序顶生，总花梗被长粗毛；苞片通常 4 枚，倒卵形或近倒披针形，被粗毛；花萼漏斗形，四棱；花瓣粉红色至紫色，广倒卵形；子房杯形，顶端具冠。蒴果杯形，顶端冠 4 裂。花期 6～8 月，果期 7～9 月。

【分布】湖南、广西、广东、贵州、云南等。模式标本采自贵州平坝。

【用途】全株烧灰治耳朵出脓（可能是中耳炎）；也作猪饲料。

锐尖山香圆　*Turpinia arguta*

樱子木目(Crossosomatales)省沽油科(Staphyleaceae)山香圆属(*Turpinia*)

【鉴别特征】落叶灌木。高 1～3m。单叶对生，叶厚纸质，椭圆形或长椭圆形，边缘具疏锯齿，齿尖具硬腺体；托叶生于叶柄内侧。顶生圆锥花序较叶短，花梗中部具 2 枚苞片；萼片 5，三角形，绿色，边缘具睫毛或无毛；花瓣白色，花丝疏被短柔毛，子房及花柱均被柔毛。果近球形，花盘宿存。花期 3～4 月，果期 9～10 月。

【分布】福建、江西、湖南、广东、广西、贵州、四川(城口)。

【用途】叶可作家畜饲料。

瘿椒树　*Tapiscia sinensis*

樱子木目(Crossosomatales)省沽油科(Staphyleaceae)瘿椒树属(*Tapiscia*)

【鉴别特征】落叶乔木。高 8～15m。芽卵形。奇数羽状复叶，小叶 5～9 片，狭卵形或卵形，边缘具锯齿，背面带灰白色，密被近乳头状白粉点。圆锥花序腋生，雄花与两性花异株，雄花序较长，两性花的花序略短；花小，黄色，有香气；两性花花萼钟状，5 浅裂；花瓣 5 枚，狭倒卵形；雄蕊 5 枚；子房 1 室，有 1 枚胚珠。核果近球形或椭圆形。花期 3～5 月，果期 6～7 月。

【分布】浙江、安徽、湖北、湖南、广东、广西、四川、云南、贵州等。

【用途】木材为良好的家具材料；具有较高的观赏价值。

野鸦椿 *Euscaphis japonica*

樱子木目(Crossosomatales)省沽油科(Staphyleaceae)野鸦椿属(*Euscaphis*)

【鉴别特征】落叶小乔木或灌木。高(2)3～6(8)m。小枝及芽红紫色。叶对生，奇数羽状复叶，小叶5～9，稀3～11，厚纸质，长卵形或椭圆形，边缘具疏短齿，齿尖有腺体；小托叶线形，有微柔毛。圆锥花序顶生，花多，较密集，黄白色；萼片与花瓣均5枚，椭圆形，萼片宿存；心皮3，分离。蓇葖果，果皮软革质，紫红色，有纵脉纹。花期5～6月，果期8～9月。

【分布】除西北各省份外，全国均产，主产江南，西至云南东北部。日本、朝鲜也有分布。

【用途】木材可为器具用材；种子油可制皂；树皮提制栲胶；根及干果入药，用于祛风除湿；栽培作观赏植物。

中国旌节花 *Stachyurus chinensis*

樱子木目(Crossosomatales)旌节花科(Stachyuraceae)旌节花属(*Stachyurus*)

【鉴别特征】落叶灌木。高2～4m。小枝皮孔椭圆形。叶互生，纸质至膜质，卵形、长圆状卵形至长圆状椭圆形，边缘具圆齿；叶柄暗紫色。穗状花序腋生，先于叶开放；花黄色；苞片1枚，三角状卵形；小苞片2枚，卵形；萼片4枚，黄绿色，卵形；花瓣4枚，卵形，顶端圆形；雄蕊8枚；子房瓶状，柱头头状，不裂。果实圆球形。花期3～4月，果期5～7月。

【分布】河南、陕西、西藏、浙江、安徽、江西、湖南、湖北、四川、贵州、福建、广东、广西和云南。越南北部也有分布。

【用途】其茎髓为中药中的通草，有清湿热、治水肿等功效。

木蜡树 *Toxicodendron sylvestre*

无患子目(Sapindales)漆树科(Anacardiaceae)漆属(*Toxicodendron*)

【鉴别特征】落叶乔木或小乔木。高达10m。幼枝和芽被黄褐色茸毛。奇数羽状复叶互生，小叶3～6对；

小叶对生，纸质，卵形或卵状椭圆形，全缘。圆锥花序密被锈色茸毛；花黄色，花萼无毛，裂片卵形；花瓣长圆形，具暗褐色脉纹；雄蕊伸出，花丝线形；子房球形。核果极偏斜，压扁，先端偏于一侧，外果皮薄，中果皮蜡质，果核坚硬。花期 4～5 月，果期 6～10 月。

【分布】长江以南各省份均产。朝鲜和日本也有分布。

【用途】根可入药，具有祛瘀、止痛、止血的功效。

紫果槭　*Acer cordatum*
无患子目(Sapindales)无患子科(Sapindaceae)槭属(*Acer*)

紫果槭

【鉴别特征】常绿乔木。常高 7m，稀达 10m。叶纸质或近革质，卵状长圆形，稀卵形，除先端部分具疏细齿外，其余部分全缘；叶柄紫色或淡紫色。伞房花序，有花 3～5 朵；萼片 5 枚，紫色，倒卵形或长圆倒卵形；花瓣 5 枚，阔倒卵形，淡白色或淡黄白色；雄蕊 8 枚。翅果嫩时紫色，成熟时黄褐色，翅张开呈钝角或近于水平。花期 4 月下旬，果期 9 月。

【分布】湖北西部、四川东部、贵州、湖南、江西、安徽、浙江、福建、广东、广西。

【用途】果实幼时紫红色，极具观赏性，且秋天叶变得红艳欲滴，是一种既可观果又可赏叶的优良园林景观树种；木材坚韧细密，纹理美观，有光泽，是上等的家具用材。

青榨槭　*Acer davidii*
无患子目(Sapindales)无患子科(Sapindaceae)槭属(*Acer*)

青榨槭

【鉴别特征】落叶乔木。高 10～15m，稀达 20m。树皮纵裂，呈蛇皮状。冬芽腋生。叶纸质，长圆卵形或近长圆形，边缘具钝圆齿。花黄绿色，杂性，雄花与两性花同株，呈下垂的总状花序，顶生于嫩枝；雄花序常有花 9～12 朵，两性花序常有花 15～30 朵；萼片 5 枚，椭圆形；花瓣 5 枚，倒卵形；雄蕊 8 枚，在两性花中不发育；子房在雄花中不发育；柱头反卷。翅果展开呈钝角或近于水平。花期 4 月，果期 9 月。

【分布】华北、华东、中南、西南各省份。在国外分布于缅甸。

【用途】本种生长迅速，树冠整齐，可作为绿化和造林树种；树皮纤维较长，且含丹宁，可作工业原料。

七叶树　*Aesculus chinensis*

无患子目(Sapindales)无患子科(Sapindaceae)七叶树属(*Aesculus*)

【鉴别特征】落叶乔木。高达 25m。冬芽大，有树脂。掌状复叶，由 5～7 片小叶组成；小叶纸质，长圆状披针形至长圆状倒披针形，边缘具钝尖形齿。花序圆筒形，有 5～10 朵花；花序总轴有微柔毛；花杂性；花萼管状钟形，不等的 5 裂；花瓣 4 枚，白色，长圆状倒卵形至长圆状倒披针形，边缘有纤毛；雄蕊 6 枚；子房卵圆形，在雄花中不发育。果实球形或倒卵圆形。花期 4～5 月，果期 10 月。

【分布】重庆、四川、云南东北部、甘肃南部、陕西南部、贵州、湖北西部、河南西南部、湖南、江西、广东。

【用途】为优良的行道树和庭荫树；木材细密，可制造各种器具；种子可药用，榨油可制肥皂。

楝　*Melia azedarach*

芸香目(Rutales)楝科(Meliaceae)楝属(*Melia*)

【鉴别特征】落叶乔木。高达逾 10m。二至三回奇数羽状复叶；小叶对生，卵形、椭圆形至披针形，顶部叶通常略大，边缘有钝锯齿。圆锥花序，花芳香；花萼 5 深裂；花瓣淡紫色，倒卵状匙形，两面均被微柔毛；雄蕊管紫色；子房近球形，5～6 室，每室有胚珠 2 枚；花柱细长，柱头头状，顶端具 5 齿。核果球形至椭圆形。花期 4～5 月，果期 10～12 月。

【分布】我国黄河以南各省份较常见。模式标本采自喜马拉雅山区。在国外分布于不丹、印度、老挝、印度尼西亚、尼泊尔、巴布亚新几内亚、菲律宾、泰国、越南、澳大利亚、太平洋群岛。

【用途】在湿润的沃土上生长迅速，对土壤要求不严，是平原及低海拔丘陵区的良好造林树种；木材纹理粗而美，质轻软，有光泽，是家具、乐器等的良好用材；鲜叶可灭钉螺和作农药；根皮可驱蛔虫和钩虫，但有毒，用时要严遵医嘱；根皮粉调醋可治疥癣，用苦楝子做成油膏可治头癣；果核仁油可制油漆、润滑油和肥皂。

吴茱萸 *Tetradium ruticarpum*

芸香目(Rutales)芸香科(Rutaceae)吴茱萸属(*Tetradium*)

吴茱萸

【鉴别特征】小乔木或灌木。高3～5m。嫩枝暗紫红色，被灰黄或红锈色茸毛。小叶5～11片，薄至厚纸质，卵形、椭圆形或披针形，全缘或浅波浪状。花序顶生，雄花序的花彼此疏离，雌花序的花密集或疏离；萼片及花瓣均5枚，偶有4枚，镊合排列。果密集或疏离，暗紫红色。种子近圆球形。花期4～6月，果期8～11月。

【分布】秦岭以南各地，但海南未见有自然分布，曾引进栽培，均生长不良。在国外分布于不丹、印度、缅甸、尼泊尔。

【用途】嫩果炮制晾干后即是传统中药吴茱萸，简称吴萸，是苦味健胃剂和镇痛剂，又作驱蛔虫药。

飞龙掌血 *Toddalia asiatica*

芸香目(Rutales)芸香科(Rutaceae)飞龙掌血属(*Toddalia*)

飞龙掌血

【鉴别特征】木质藤本。老茎干有较厚的木栓层及黄灰色皮孔，茎枝及叶轴有向下弯钩的锐刺，当年生嫩枝的顶部具细毛。小叶卵形、倒卵形或椭圆形，叶缘有细裂齿，揉之有柑橘叶的香气。花梗短，基部具鳞片状苞片，花淡黄白色，萼片边缘被短毛；雄花序为伞房状圆锥花序，雌花序为聚伞圆锥花序。果橙红或朱红色，有4～8条纵向浅沟纹。花期几乎全年，果期多在秋、冬季。

【分布】秦岭南坡以南各地，最北限见于陕西西乡县，南至海南，东南至台湾，西南至西藏东南部。在国外分布于孟加拉国、马达加斯加、非洲。

【用途】全株可作草药，但多用其根。味苦，麻。性温，有小毒，活血散瘀，祛风除湿，消肿止痛。治感冒风寒、胃痛、肋间神经痛、风湿骨痛、跌打损伤、咯血等。

竹叶花椒　*Zanthoxylum armatum*

芸香目(Rutales)芸香科(Rutaceae)花椒属(*Zanthoxylum*)

【鉴别特征】落叶小乔木。高 3～5m。茎枝多锐刺。叶有小叶 3～9 片，稀 11 片，叶翼明显；小叶对生，常披针形、椭圆形或卵形，顶端中央一片最大，基部一对最小。花序近腋生或同时生于侧枝之顶，有花约 30 朵；花被片 6～8 枚；雄花的雄蕊 5～6 枚，不育雌蕊垫状凸起；雌花有心皮 2～3 枚，不育雄蕊短线状。果紫红色，有微凸起油点。花期 4～5 月，果期 8～10 月。

【分布】山东以南，南至海南，东南至台湾，西南至西藏东南部。在国外分布于孟加拉国、不丹、印度、印度尼西亚、日本、朝鲜、老挝、缅甸、尼泊尔、巴基斯坦、菲律宾、泰国、越南。

【用途】根、茎、叶、果实及种子均用作草药，祛风散寒、行气止痛；果也用作食物的调味料及防腐剂。

北江荛花　*Wikstroemia monnula*

锦葵目(Mavales)瑞香科(Thymelaeaceae)荛花属(*Wikstroemia*)

【鉴别特征】灌木。高 0.5～0.8m。叶对生或近对生，纸质或坚纸质，卵状椭圆形至椭圆形或椭圆状披针形。总状花序顶生，有花(8～)12 朵；花色黄带紫色或淡红色；花萼外面被白色柔毛，顶端 4 裂；雄蕊 8 枚，2 列，上列 4 枚在花萼筒喉部着生，下列 4 枚在花萼筒中部着生；子房具柄，顶端密被柔毛；花柱短，柱头球形。果干燥，卵圆形，基部为宿存花萼所包被。4～8 月开花，随即结果。

【分布】广东、广西、贵州、湖南、浙江等。模式标本采自广东北江。

【用途】韧皮纤维可作人造棉及高级纸的原料。

白花荛花 *Wikstroemia trichotoma*

锦葵目(Mavales)瑞香科(Thymelaeaceae)荛花属(*Wikstroemia*)

【鉴别特征】常绿灌木。高 0.5～2.5m。茎粗壮，多分枝。叶对生，卵形至卵状披针形，薄纸质，全缘。穗状花序具花约 10 朵，组成复合的圆锥花序；花萼筒肉质，白色，裂片 5，边缘波状；雄蕊 10 枚，线形，白色，2 列，下列 5 枚在花萼筒 1/3 以上着生，其余 5 枚在近喉部着生；子房倒卵形，具柄，顶端被微柔毛；花柱短，柱头大，圆形。果卵形。花期夏季。

白花荛花

【分布】江西、湖南、安徽、浙江、广东。在国外分布于日本、朝鲜南部。

【用途】常绿开花灌木，可用于庭院、公园景观营造，为良好的园林景观树种。

毛瑞香 *Daphne kiusiana* var. *atrocaulis*

锦葵目(Mavales)瑞香科(Thymelaeaceae)瑞香属(*Daphne*)

【鉴别特征】常绿直立灌木。高 0.5～1.2m。二歧状或伞房分枝。腋芽近圆形或椭圆形，褐色。叶互生或簇生于枝顶，叶片革质，椭圆形或披针形，全缘，微反卷；叶柄两侧翅状。花白色或淡黄白色，9～12 朵簇生于枝顶成头状花序，花序下具苞片；花萼筒圆筒状，裂片 4 枚；雄蕊 8 枚，2 轮；子房倒圆锥状圆柱形。果实广椭圆形或卵状椭圆形。花期 11 月至翌年 2 月，果期翌年 4～5 月。

毛瑞香

【分布】江苏、浙江、安徽、江西、福建、台湾、湖北、湖南、广东、广西、四川等。

【用途】既是观赏花木，又具有多种经济价值。根可入药，有活血、散瘀、止痛等功效；花可提取芳香油；茎皮纤维可造纸。

伯乐树 *Bretschneidera sinensis*

十字花目(Brassicales)叠珠树科(Akaniaceae)伯乐树属(*Bretschneidera*)

伯乐树

【鉴别特征】乔木。高 10～20m。小枝有较明显的皮孔。羽状复叶，小叶 7～15 片，纸质或革质，狭椭圆形、长圆状披针形或卵状披针形，全缘。总花梗、花梗、花萼外面有棕色短茸毛，花萼顶端具短的 5 齿；花淡红色，花瓣阔匙形或倒卵楔形，内面有红色纵条纹；子房有光亮、白色的柔毛，花柱有柔毛。果椭圆球形、近球形或阔卵形。花期 3～9 月，果期 5 月至翌年 4 月。

【分布】四川、云南、贵州、广西、广东、湖南、湖北、江西、浙江、福建等。越南北部也有分布。

【用途】为伯乐树属唯一的种，中国特有的第三纪孑遗植物。冠大荫浓，树干通直，材质优良；果实成熟时暗红色，挂满枝头，形如小仙桃，具有很高的观赏价值，是优良的园林观赏和造林绿化树种。

白车轴草 *Trifolium repens*

豆目(Fabales)豆科(Fabaceae)车轴草属(*Trifolium*)

白车轴草

【鉴别特征】短期多年生草本。高 10～30cm。主根短，侧根和须根发达。茎匍匐蔓生，上部稍上升。掌状三出复叶，叶柄较长；小叶倒卵形至近圆形，先端凹头至钝圆；托叶膜质，基部抱茎成鞘状。花序球形，顶生，具花 20～50（80）朵，密集；苞片披针形，膜质，锥尖；花冠白色、乳黄色或淡红色，具香气。荚果长圆形。花果期 5～10 月。

【分布】原产于欧洲和北非，世界各地均有栽培。

【用途】优良牧草，含丰富的蛋白质和矿物质；还可作为绿肥、堤岸防护草种、草坪装饰材料、蜜源植物和药材等。

山葛 *Pueraria montana*

豆目(Fabales)豆科(Fabaceae)葛属(*Pueraria*)

【鉴别特征】粗壮藤本。长可达 8m。全体被黄色长

山葛

硬毛。茎基部木质，有粗厚的块状根。羽状复叶具 3 小叶，小叶 3 裂，偶尔全缘，顶生小叶宽卵形或斜卵形，小叶柄被黄褐色茸毛。总状花序，花 2～3 朵聚生于花序轴的节上；花萼钟形，被黄褐色柔毛；花冠紫色，旗瓣倒卵形，翼瓣镰状，龙骨瓣镰状长圆形；与旗瓣相对的 1 枚雄蕊仅上部离生；子房线形，被毛。荚果长椭圆形。花期 9～10 月，果期 11～12 月。

【分布】我国南北各地，除新疆、青海及西藏外，分布几遍全国。东南亚至澳大利亚也有分布。

【用途】葛根供药用，有解表退热、生津止渴、止泻的功效，并能改善高血压病人的项强、头晕、头痛、耳鸣等症状；良好的水土保持植物。

紫云英 *Astragalus sinicus*

豆目(Fabales)豆科(Fabaceae)黄芪属(*Astragalus*)

紫云英

【鉴别特征】二年生草本。高 10～30cm。多分枝，匍匐，被白色疏柔毛。奇数羽状复叶，具 7～13 片小叶；托叶离生，卵形，具缘毛。总状花序生 5～10 朵花，呈伞形；总花梗腋生；苞片三角状卵形；花萼钟状，被白色柔毛；花冠紫红色或橙黄色，旗瓣倒卵形，翼瓣长圆形，龙骨瓣半圆形；子房无毛或被疏毛，具短柄。荚果线状长圆形。花期 2～6 月，果期 3～7 月。

【分布】长江流域各省份。模式标本采自浙江宁波。

【用途】可作蜜源植物、绿肥、牧草栽培；种子可入药，有益肝明目、清热利尿之效。

亮叶鸡血藤 *Callerya nitida*

豆目(Fabales)豆科(Fabaceae)鸡血藤属(*Callerya*)

【鉴别特征】攀缘灌木。长 2～6m。茎皮锈褐色，粗糙。羽状复叶，小叶硬纸质，卵状披针形或长圆形；亮叶鸡血藤
托叶线形，脱落。圆锥花序顶生，密被锈褐色茸毛；花单生，花冠

青紫色，苞片卵状披针形，花萼钟状；雄蕊二体；子房线形，密被茸毛；花柱旋曲，柱头下指。荚果线状长圆形。花期 5～9 月，果期 7～11 月。

【分布】贵州、四川、广西、广东、海南、福建、江西、浙江南部、台湾。模式标本采自香港。

【用途】茎入药，具活血之效。

庭藤 *Indigofera decora*
豆目(Fabales)豆科(Fabaceae)木蓝属(*Indigofera*)

庭藤

【鉴别特征】灌木。高 0.4～2m。羽状复叶，小叶 3～7(11) 对，对生、近对生或下部互生；叶形变异甚大，通常卵状披针形、卵状长圆形或长圆状披针形；小托叶钻形。总状花序直立；花萼杯状，萼齿三角形；花冠淡紫色或粉红色，稀白色，旗瓣椭圆形、外面被棕褐色短柔毛，翼瓣具缘毛，龙骨瓣与翼瓣近等长。荚果棕褐色，圆柱形。花期 4～6 月，果期 6～10 月。

【分布】安徽、浙江、福建、广东等。模式标本采自福建厦门。日本也有分布。

【用途】可供观赏；叶、芽等可入药，可缓解咳嗽、消化不良等。

云实 *Caesalpinia decapetala*
豆目(Fabales)豆科(Fabaceae)云实属(*Caesalpinia*)

云实

【鉴别特征】藤本。树皮暗红色，枝、叶轴和花序均被柔毛和钩刺。二回羽状复叶；羽片 3～10 对，对生；小叶 8～12 对，膜质，长圆形；托叶小，斜卵形，早落。总状花序顶生，直立，具多花；总花梗多刺，花梗被毛；萼片 5 枚，长圆形，被短柔毛；花瓣黄色，膜质，圆形或倒卵形，盛开时反卷；雄蕊与花瓣近等长。荚果长圆状舌形。花果期 4～10 月。

【分布】广东、广西、云南、四川、贵州、湖南、湖北、江西、福建、浙江、江苏、安徽、河南、河北、陕西、甘肃等。在国外分布于孟加拉国、不丹、印度、日本、老挝、马来西亚、缅甸、尼泊尔、巴基斯坦、斯里兰卡、泰国、越南。

【用途】根、茎及果药用，性温，味苦、涩，无毒，有发表散寒、活血通经、解毒杀虫之效，治筋骨疼痛、跌打损伤；果皮和树皮含单宁，种子含油 35%，可制肥皂及润滑油；常栽培作为绿篱。

黄花倒水莲　*Polygala fallax*
豆目(Fabales)远志科(Polygalaceae)远志属(*Polygala*)

【鉴别特征】灌木或小乔木。高 1～3m。单叶互生，膜质，披针形至椭圆状披针形，被短柔毛；叶柄上面具槽，被短柔毛。总状花序顶生或腋生，直立；萼片 5 枚，具缘毛；花瓣正黄色，3 枚，侧生花瓣长圆形，2/3 以上与龙骨瓣合生，龙骨瓣盔状；雄蕊 8 枚，花丝 2/3 以下连合成鞘；子房圆形。蒴果阔倒心形至圆形，绿黄色。花期 5～8 月，果期 8～10 月。

黄花倒水莲

【分布】江西、福建、湖南、广东、广西和云南。

【用途】本种之根入药，有补气血、健脾利湿、活血调经的功效。

狭叶香港远志　*Polygala hongkongensis* var. *stenophylla*
豆目(Fabales)远志科(Polygalaceae)远志属(*Polygala*)

【鉴别特征】草本。本变种不同于香港远志(原变种)的主要特征为本变种叶狭披针形，小，长 1.5～3cm，宽 3～4mm；内萼片椭圆形，长约 7mm，宽约 4mm；花丝 4/5 以下合生成鞘。

狭叶香港远志

【分布】江苏、安徽、浙江、江西、福建、湖南和广西等。模式标本采自福建鼓山。

【用途】浙江民间用本变种全草祛风。

曲江远志　*Polygala koi*
豆目(Fabales)远志科(Polygalaceae)远志属(*Polygala*)

【鉴别特征】直立或平卧亚灌木。高 5～10cm。具半圆形叶痕。单叶互生，叶片微肉质，椭圆形，全缘。

曲江远志

总状花序顶生，花多而密；基部具苞片1枚，长圆状卵形；萼片5枚，花后脱落；花瓣3花，紫红色；雄蕊8枚，花丝5/7以下合生成鞘，分离部分丝状，花药卵形；子房圆形，具翅。蒴果圆形。花期4～9月，果期6～10月。

【分布】湖南、广东和广西等。模式标本采自广东曲江。

【用途】本种之全草入药，民间用于治疗咳嗽、咽喉肿痛、小儿疳积、月经不调。

钟花樱　*Prunus campanulata*

蔷薇目(Rosales)蔷薇科(Rosaceae)李属(*Prunus*)

钟花樱

【鉴别特征】乔木或灌木。高3～8m。冬芽卵形。叶片卵形、卵状椭圆形，薄革质，边缘有急尖锯齿，常稍不整齐。伞形花序，有花2～4朵，先于叶开放；总苞片长椭圆形，两面伏生长柔毛；苞片褐色，稀绿褐色，边缘有腺齿；萼筒钟状，萼片长圆形；花瓣倒卵状长圆形，粉红色；雄蕊39～41枚。核果卵球形。花期2～3月，果期4～5月。

【分布】浙江、福建、台湾、广东、广西等。日本、越南也有分布。

【用途】早春开花，在华东、华南可栽培供观赏。

尾叶樱桃　*Prunus dielsiana*

蔷薇目(Rosales)蔷薇科(Rosaceae)李属(*Prunus*)

尾叶樱桃

【鉴别特征】乔木或灌木。高5～10m。冬芽卵圆形。叶片长椭圆形或倒卵状长椭圆形，具尖锐单齿或重锯齿；托叶狭带形。伞形或近伞形花序，有花3～6朵，先于叶开放或近先于叶开放；总苞褐色，长椭圆形；苞片卵圆形，边缘撕裂状；萼筒钟形，萼片长椭圆形或椭圆披针形；花瓣白色或粉红色，卵圆形，先端2裂；雄蕊32～36枚。核果红色，近球形。花期3～4月。

【分布】江西、安徽、湖北、湖南、四川、广东、广西。

【用途】花色鲜艳亮丽，枝叶繁茂旺盛，是早春重要的观花树种，常用于园林观赏；果型大，可生食或制罐头，果汁可制糖浆、糖胶及果酒；核仁可榨油。

迎春樱桃 *Prunus discoidea*

蔷薇目(Rosales)蔷薇科(Rosaceae)李属(*Prunus*)

【鉴别特征】小乔木。树皮灰白色，小枝紫褐色，冬芽卵球形。叶片倒卵状长圆形或长椭圆形，上面暗绿色，背面淡绿色。花先于叶开放或稀花叶同开，伞形花序，有花2朵，稀1朵或3朵；花冠粉红色；雄蕊32～40枚；花柱无毛，柱头扩大。核果红色。花期3月，果期5月。

迎春樱桃

【分布】安徽、浙江、江西等。

【用途】早春重要的观花树种，常用于园林观赏。

山樱花 *Prunus serrulata*

蔷薇目(Rosales)蔷薇科(Rosaceae)李属(*Prunus*)

【鉴别特征】乔木。高3～8m。冬芽卵圆形。叶片卵状椭圆形或倒卵状椭圆形，具单齿及重锯齿；托叶线形。伞房总状或近伞形花序，有花2～3朵；总苞片褐红色，倒卵状长圆形；苞片褐色或淡绿褐色；萼筒管状，萼片三角披针形；花瓣白色，稀粉红色，倒卵形；雄蕊约38枚；花柱无毛。核果球形或卵球形，紫黑色。花期4～5月，果期6～7月。

山樱花

【分布】黑龙江、河北、山东、江苏、浙江、安徽、江西、湖南、贵州。

【用途】植株优美，叶片油亮，花朵鲜艳亮丽，是园林绿化中优良的观花树种，广泛用于绿化道路、小区、公园、庭院、河堤等。

腺叶桂樱 *Laurocerasus phaeosticta*

蔷薇目(Rosales)蔷薇科(Rosaceae)桂樱属(*Laurocerasus*)

【鉴别特征】常绿灌木或小乔木。高4～12m。小枝暗紫褐色，具稀疏皮孔。叶片近革质，狭椭圆形、长圆

腺叶桂樱

形或长圆状披针形。总状花序单生于叶腋，具花数朵至 10 余朵；萼筒杯形，萼片卵状三角形，有缘毛或具小齿；花瓣近圆形，白色；雄蕊 20～35 枚。果实近球形或横向椭圆形。花期 4～5 月，果期 7～10 月。

【分布】湖南、江西、浙江、福建、台湾、广东、广西、贵州、云南。在国外分布于孟加拉国、印度、缅甸北部、泰国北部、越南北部。

【用途】树干直立，树姿挺拔，枝叶繁茂，花朵白色，素雅可赏；种仁含油率 34.5%，油色淡黄，为干性油，供制油漆、肥皂及其他工业用油。

台湾林檎 *Malus doumeri*

蔷薇目（Rosales）蔷薇科（Rosaceae）苹果属（*Malus*）

【鉴别特征】乔木。高达 15m。老枝具稀疏纵裂皮孔，冬芽卵形。叶片长椭卵形至卵状披针形，边缘具齿；托叶膜质，线状披针形，早落。花序近似伞形，有花 4～5 朵，花梗有白色茸毛；苞片膜质，线状披针形；萼筒倒钟形，外面有茸毛，萼片卵状披针形；花瓣卵形，基部有短爪，黄白色；雄蕊约 30 枚；花柱 4～5，基部有长茸毛，柱头半圆形。果实球形。花期 5 月，果期 8～9 月。

台湾林檎

【分布】云南、贵州、广西、广东、湖南、江西、浙江、台湾。在国外产于老挝、越南。

【用途】本种果实肥大，有香气，生食微带涩味，当地居民用盐渍后食用，名叫"撒两比"或"撒多"；一般用实生苗繁殖，种子萌发力很强，可作为亚热带地区栽培苹果的砧木及育种用原始材料。

湖北海棠 *Malus hupehensis*

蔷薇目（Rosales）蔷薇科（Rosaceae）苹果属（*Malus*）

【鉴别特征】乔木。高达 8m。冬芽卵形，暗紫色。叶片卵形至卵状椭圆形，边缘有细齿；托叶草质至膜

湖北海棠

质，线状披针形。伞房花序，具花 4～6 朵；苞片膜质，披针形；萼片三角卵形；花瓣倒卵形，基部有短爪，粉白色或近白色；雄蕊 20 枚；花柱 3，稀 4，基部有长茸毛。果实椭圆形或近球形。花期 4～5 月，果期 8～9 月。

【分布】湖北、湖南、江西、江苏、浙江、安徽、福建、广东、甘肃、陕西、河南、山西、山东、四川、云南、贵州。

【用途】四川、湖北等地用分根萌蘖作为苹果砧木，容易繁殖，嫁接成活率高；嫩叶晒干作茶叶代用品，味微苦涩，俗名花红茶；春季满树缀以粉白色花朵，秋季结实累累，甚为美丽，可作观赏树种。

小柱悬钩子 *Rubus columellaris*
蔷薇目(Rosales)蔷薇科(Rosaceae)悬钩子属(*Rubus*)

【鉴别特征】攀缘灌木。高 1～2.5m。枝褐色或红褐色，疏生钩状皮刺。小叶 3 片，或单叶，近革质，椭圆形或长卵状披针形，边缘具齿；托叶披针形。伞房花序，着生于侧枝顶端或腋生，有花 3～7 朵；苞片线状披针形；萼片卵状披针形或披针形；花大，花瓣匙状长圆形或长倒卵形，白色；雄蕊多数，排成数列。果实近球形或稍呈长圆形。花期 4～5 月，果期 6 月。

【分布】江西、湖南、广东、广西、福建、四川、贵州、云南。
【用途】根、叶可入药，用于活血、止血。

山莓 *Rubus corchorifolius*
蔷薇目(Rosales)蔷薇科(Rosaceae)悬钩子属(*Rubus*)

【鉴别特征】直立灌木。高 1～3m。枝具皮刺。单叶，卵形至卵状披针形，边缘不分裂或 3 裂，通常不育枝上的叶 3 裂，边缘具齿；叶柄疏生皮刺；托叶线状披针形，具柔毛。花单生或少数生于短枝上，花梗及花萼外具细柔毛，萼片卵形或三角状卵形，花瓣长圆形或椭圆形、白色，雄蕊和雌蕊多数，子房有柔毛。果实由很多小核果组成，近球形或卵球形，红色。花期2~3月，果期4~6月。

【分布】除东北、甘肃、青海、新疆、西藏外，全国均有分布。朝鲜、日本、缅甸及越南也有分布。

【用途】果味甜美，含糖、苹果酸、柠檬酸及维生素 C 等，可供生食、制果酱及酿酒；果、根及叶入药，有活血、解毒、止血之效；根皮、茎皮、叶可提制栲胶。

高粱泡 *Rubus lambertianus*
蔷薇目(Rosales)蔷薇科(Rosaceae)悬钩子属(*Rubus*)

高粱泡

【鉴别特征】半落叶藤状灌木。高达 3m。单叶宽卵形，稀长圆状卵形，边缘 3~5 裂或呈波状，有细锯齿；托叶离生，线状深裂，常脱落。圆锥花序顶生，或生于枝上部叶腋内，或仅数朵花簇生于叶腋；总花梗、花梗和花萼均被细柔毛；萼片卵状披针形；花瓣倒卵形，白色；雄蕊多数；雌蕊 15~20 枚。果实小，近球形，由多数小核果组成。花期 7~8 月，果期 9~11 月。

【分布】河南、湖北、湖南、安徽、江西、江苏、浙江、福建、台湾、广东、广西、云南。日本也有分布。

【用途】果熟后可食用及酿酒；根、叶供药用，有清热散瘀、止血之效；种子药用，也可榨油作发油用。

茅莓 *Rubus parvifolius*
蔷薇目(Rosales)蔷薇科(Rosaceae)悬钩子属(*Rubus*)

茅莓

【鉴别特征】灌木。高 1~2m。枝呈弓形弯曲，被柔毛和稀疏钩状皮刺。小叶 3 片，菱状圆形或倒卵形，边缘具齿；托叶线形，具柔毛。伞房花序顶生或腋生；苞片线形，有柔毛；萼片卵状披针形或披针形；花瓣卵圆形或长圆形，粉红至紫红色，基部具爪；雄蕊白色；子房具柔毛。果实卵球形，红色。花期 5~6 月，果期 7~8 月。

【分布】黑龙江、吉林、辽宁、河北、河南、山西、陕西、甘肃、湖北、湖南、江西、安徽、山东、江苏、浙江、福建、台湾、广东、广西、四川、贵州。朝鲜及日本有分布。

【用途】果实酸甜多汁，可供食用、酿酒及制醋等；根和叶含单宁，可提制栲胶；全株入药，有止痛、活血、祛风湿及解毒之效。

黄泡 *Rubus pectinellus*
蔷薇目(Rosales)蔷薇科(Rosaceae)悬钩子属(*Rubus*)

黄泡

【鉴别特征】草本或半灌木。高8～20cm。茎匍匐，有长柔毛和疏针刺。单叶，叶片心状近圆形，边缘波状浅裂或3浅裂，具齿；托叶离生，二回羽状深裂，裂片线状披针形。花单生，顶生；花梗被长柔毛和针刺；萼筒卵球形；萼片卵形至卵状披针形；花瓣狭倒卵形，白色，有爪；雄蕊多数；雌蕊多数，但很多败育。果实红色，球形。花期5～7月，果期7～8月。

【分布】湖南、江西、福建、台湾、四川、云南、贵州。日本、菲律宾也有分布。

【用途】根、叶可入药，能清热解毒。

锈毛莓 *Rubus reflexus*
蔷薇目(Rosales)蔷薇科(Rosaceae)悬钩子属(*Rubus*)

锈毛莓

【鉴别特征】攀缘灌木。高达2m。枝被锈色茸毛和稀疏小皮刺。单叶，心状长卵形，边缘3～5裂，具齿；叶柄被茸毛并有皮刺；托叶宽倒卵形，被长柔毛。花数朵集生于叶腋或呈顶生短总状花序；萼片卵圆形，外萼片常掌状分裂，内萼片常全缘；花瓣长圆形至近圆形，白色；雄蕊短；雌蕊无毛。果实近球形，深红色。花期6～7月，果期8～9月。

【分布】江西、湖南、浙江、福建、台湾、广东、广西。

【用途】果可食；根入药，有祛风湿、强筋骨之效。

木莓 *Rubus swinhoei*

蔷薇目(Rosales)蔷薇科(Rosaceae)悬钩子属(*Rubus*)

木莓

【鉴别特征】落叶或半常绿灌木。高1~4m。茎暗紫褐色，疏生微弯皮刺。单叶，叶形变化较大，宽卵形至长圆状披针形，边缘具齿；托叶卵状披针形，膜质，早落。总状花序，花常5~6朵；萼片卵形或三角状卵形，在果期反折；花瓣白色，宽卵形或近圆形；雄蕊和雌蕊多数。果实球形，由多数小核果组成。花期5~6月，果期7~8月。

【分布】陕西、湖北、湖南、江西、安徽、江苏、浙江、福建、台湾、广东、广西、贵州、四川。日本也有分布。

【用途】果可食，根皮可提制栲胶。

水榆花楸 *Sorbus alnifolia*

蔷薇目(Rosales)蔷薇科(Rosaceae)花楸属(*Sorbus*)

水榆花楸

【鉴别特征】乔木。高达20m。小枝具灰白色皮孔。冬芽卵形。叶片卵形至椭圆状卵形，边缘有不整齐的尖锐重锯齿。复伞房花序较疏松，具花6~25朵；萼筒钟状；萼片三角形，内面密被白色茸毛；花瓣卵形或近圆形，白色；雄蕊20枚；花柱2个，基部或中部以下合生。果实椭圆形或卵形。花期5月，果期8~9月。

【分布】黑龙江、吉林、辽宁、河北、河南、陕西、甘肃、山东、安徽、湖北、江西、浙江、四川。在国外分布于日本、朝鲜。

【用途】树冠圆锥形，秋季叶片转变成猩红色，为美丽的观赏树种；木材作器具、车辆及模型用材；树皮可作染料，纤维作造纸原料。

石灰花楸 *Sorbus folgneri*

蔷薇目(Rosales)蔷薇科(Rosaceae)花楸属(*Sorbus*)

石灰花楸

【鉴别特征】乔木。高达10m。小枝具少数黑褐色皮孔。冬芽卵形。叶片卵形至椭圆状卵形，边缘有细锯齿或新枝上的叶片有重锯齿和浅裂片。复伞房花序具多花，总花梗和花梗均被白色茸毛；萼筒钟状，外被白色茸毛；萼片三角卵形；花瓣卵形，白色；雄蕊 18～20 枚；花柱 2～3 个，近基部合生并有茸毛。果实椭圆形。花期 4～5 月，果期 7～8 月。

【分布】陕西、甘肃、河南、湖北、湖南、江西、安徽、广东、广西、贵州、四川、云南。

【用途】树姿优美，春开白花，秋结红果，十分秀丽，适用于园林栽培观赏；木材可制作高级家具；枝条可供药用。

中华绣线菊 *Spiraea chinensis*

蔷薇目(Rosales)蔷薇科(Rosaceae)绣线菊属(*Spiraea*)

中华绣线菊

【鉴别特征】灌木。高 1.5～3m。小枝呈拱形弯曲，红褐色。冬芽卵形。叶片菱状卵形至倒卵形，边缘有缺刻状粗锯齿或不明显 3 裂；叶柄被短茸毛。伞形花序具花 16～25 朵；花梗具短茸毛；苞片线形，被短柔毛；萼筒钟状，萼片卵状披针形；花瓣近圆形，先端微凹或圆钝，白色；雄蕊 22～25 枚；子房具短柔毛。蓇葖果开张，全体被短柔毛。花期 3～6 月，果期 6～10 月。

【分布】内蒙古、河北、河南、陕西、湖北、湖南、安徽、江西、江苏、浙江、贵州、四川、云南、福建、广东、广西。

【用途】花朵密集，叶片薄细，耐寒、耐旱，萌蘖性强，是极好的观花灌木。

粉花绣线菊 *Spiraea japonica*

蔷薇目(Rosales)蔷薇科(Rosaceae)绣线菊属(*Spiraea*)

粉花绣线菊

【鉴别特征】直立灌木。高达 1.5m。冬芽卵形。叶片卵形至卵状椭圆形，边缘有缺刻状重锯齿或单锯齿；叶柄具短柔毛。复伞房花序生于当年生的直立新枝顶端，花朵密集，密被短柔毛；苞片披针形至线状披针形；萼筒钟状，萼片三角形；花瓣卵形至圆形，粉红色；雄蕊 25～30 枚。蓇葖果半开张。

花期 6～7 月，果期 8～9 月。

【分布】原产于日本、朝鲜，我国各地栽培供观赏。

【用途】生态适应性强，耐寒、耐旱、耐贫瘠，抗病虫害，广泛应用于各种绿地；可作地被观花、花篱、花境植物。

褐毛石楠　*Photinia hirsuta*
蔷薇目(Rosales)蔷薇科(Rosaceae)石楠属(*Photinia*)

【鉴别特征】落叶灌木或乔木。高 1～2m。小枝密生褐色硬毛。冬芽卵形。叶片纸质，椭圆形、椭圆披针形或近卵形，边缘疏生具腺的齿。顶生聚伞花序，花 3～8 朵，花梗、萼筒外面及萼片均密生褐色硬毛；萼筒钟状，萼片三角形；花瓣白色或带粉红色，倒卵形；雄蕊 20 枚；花柱 2 个，中部以下合生，基部有毛。果实椭圆形，红色，有斑点。花期 4～5 月，果期9 月。

【分布】湖南、江西、安徽、浙江、福建等。模式标本采自湖南长沙岳麓山。

【用途】常见的园林绿化树种。

小叶石楠　*Photinia parvifolia*
蔷薇目(Rosales)蔷薇科(Rosaceae)石楠属(*Photinia*)

【鉴别特征】落叶灌木。高 1～3m。冬芽卵形。叶片草质，椭圆形、椭圆状卵形或菱状卵形，边缘有具腺锯齿。伞形花序生于侧枝顶端，花 2～9 朵；花梗细，有疣点；萼筒杯状，萼片卵形；花瓣白色，圆形；雄蕊 20 枚；花柱 2～3 个，中部以下合生；子房顶端密生长柔毛。果实椭圆形或卵形，橘红色或紫色。花期 4～5 月，果期 7～8 月。

【分布】河南、江苏、安徽、浙江、江西、湖南、湖北、四川、贵州、台湾、广东、广西。

【用途】根、枝、叶供药用，有行血止血、止痛功效。

蛇莓　*Duchesnea indica*

蔷薇目(Rosales)蔷薇科(Rosaceae)蛇莓属(*Duchesnea*)

蛇莓

【鉴别特征】多年生草本。根茎粗壮；匍匐茎多数，有柔毛。小叶片倒卵形至菱状长圆形，边缘有钝锯齿，两面皆有柔毛；叶柄有柔毛；托叶窄卵形至宽披针形。花单生于叶腋；花梗有柔毛；萼片卵形，外面有散生柔毛；副萼片倒卵形，比萼片长，先端常具3～5锯齿；花瓣倒卵形，黄色；雄蕊20～30枚；心皮多数，离生。瘦果卵形。花期6～8月，果期8～10月。

【分布】产于辽宁以南各省份。从阿富汗东达日本，南达印度、印度尼西亚，以及欧洲和美洲均有记录。

【用途】全草药用，能散瘀消肿、收敛止血、清热解毒；茎叶捣敷治疗疮有特效，也可敷治蛇咬伤、烫伤、烧伤；果实煎服能治支气管炎；全草水浸液可防治农业害虫、杀蛆、杀孑孓等。

宜昌胡颓子　*Elaeagnus henryi*

蔷薇目(Rosales)胡颓子科(Elaeagnaceae)胡颓子属(*Elaeagnus*)

宜昌胡颓子

【鉴别特征】常绿直立灌木。高3～5m。具刺，刺生于叶腋。叶革质至厚革质，阔椭圆形或倒卵状阔椭圆形，边缘有时稍反卷；叶柄粗壮，黄褐色。花淡白色，质厚，密被鳞片；1～5朵花生于叶腋成短总状花序；花枝锈色；萼筒圆筒状漏斗形，裂片三角形；雄蕊的花丝极短；花柱直立或稍弯曲。果实矩圆形，多汁。花期10～11月，果期翌年4月。

【分布】陕西、浙江、安徽、江西、湖北、湖南、四川、云南、贵州、福建、广东、广西。

【用途】果实可生食和酿酒、制果酱；四川草医用果实止痢疾，用叶治肺虚短气，用根治吐血或煎水洗治恶疮疥；常用来代替胡颓子供药用。

葎草 *Humulus scandens*

蔷薇目(Rosales)大麻科(Cannabaceae)葎草属(*Humulus*)

葎草

【鉴别特征】缠绕草本。茎、枝、叶柄均具倒钩刺。叶纸质，肾状五角形，掌状5～7深裂，稀3裂，表面粗糙，疏生糙伏毛，背面有柔毛和黄色腺体；裂片卵状三角形，边缘具锯齿。雄花小，黄绿色，圆锥花序。雌花序球果状，苞片纸质，三角形，具白色茸毛；柱头2，伸出苞片外。瘦果。花期春、夏，果期秋季。

【分布】我国除新疆、青海外，各省份均有分布。日本、朝鲜、越南也有分布，在欧洲和北美洲东部归化。

【用途】本草可作药用；茎皮纤维可作造纸原料；种子油可制肥皂；果穗可代啤酒花 *H. lupulus* 用。

长叶冻绿 *Rhamnus crenata*

蔷薇目(Rosales)鼠李科(Rhamnaceae)鼠李属(*Rhamnus*)

长叶冻绿

【鉴别特征】落叶灌木或小乔木。高达7m。叶纸质，倒卵状椭圆形、椭圆形或倒卵形，边缘具圆齿状齿或细锯齿；叶柄被密柔毛。花数朵密集成腋生聚伞花序，总花梗和花梗被柔毛；萼片三角形；花瓣近圆形，顶端2裂；雄蕊与花瓣等长而短于萼片；子房球形，3室，每室具1枚胚珠。核果球形或倒卵状球形。花期5～8月，果期8～10月。

【分布】陕西、河南、安徽、江苏、浙江、江西、福建、台湾、广东、广西、湖南、湖北、四川、贵州、云南。朝鲜、日本、越南、老挝、柬埔寨也有分布。

【用途】根有毒。民间常用根、皮煎水或醋浸洗治顽癣或疥疮；根和果实含黄色染料。

糯米团 *Gonostegia hirta*

蔷薇目(Rosales)荨麻科(Urticaceae)糯米团属(*Gonostegia*)

糯米团

【鉴别特征】多年生草本。茎蔓生、铺地或渐升。

叶对生，叶片草质或纸质，宽披针形至狭披针形、狭卵形，边缘全缘；托叶钻形。花通常两性，有时单性，雌雄异株。苞片三角形。雄花花被片 5 枚，分生，倒披针形；雄蕊 5 枚；退化雌蕊极小，圆锥状。雌花花被菱状狭卵形，顶端有 2 小齿，有疏毛，果期呈卵形，有 10 条纵肋；柱头有密毛。瘦果卵球形。花期 5～9 月。

【分布】自西藏东南部、云南、华南至陕西南部及河南南部广布。亚洲热带和亚热带地区及澳大利亚也广布。

【用途】茎皮纤维可制人造棉，供混纺或单纺；全草药用，治消化不良、食积胃痛等症，外用治血管神经性水肿、痈肿疮疖、乳腺炎、外伤出血等症；全草可饲猪。

赤车　*Pellionia radicans*

蔷薇目(Rosales)荨麻科(Urticaceae)赤车属(*Pellionia*)

赤车

【鉴别特征】多年生草本。叶片草质，斜狭菱状卵形或披针形，半离基三出脉；托叶钻形。花序通常雌雄异株。雄花序为稀疏的聚伞花序，苞片狭条形或钻形；雄花花被片 5 枚，椭圆形；雄蕊 5 枚，退化雌蕊狭圆锥形。雌花序有多数密集的花，苞片条状披针形；雌花花被片 5 枚，3 枚较大、船状长圆形，2 枚较小、狭长圆形。瘦果近椭圆球形，有小瘤状突起。花期 5～10 月。

【分布】云南东南部、广西、广东、福建、台湾、江西、湖南、贵州、四川、湖北西南部、安徽南部。越南北部、朝鲜、日本也有分布。

【用途】全草药用，有消肿、祛瘀、止血之效。

冷水花　*Pilea notata*

蔷薇目(Rosales)荨麻科(Urticaceae)冷水花属(*Pilea*)

冷水花

【鉴别特征】多年生草本。具匍匐茎，茎肉质，纤细、中部稍膨大，密布条形钟乳体。叶纸质，狭卵形、卵状披针形，边缘有浅锯齿，两面密布条形钟乳体；托叶带绿色，长圆形，脱落。花雌雄异株，雄花序聚伞总状，雌聚伞花序较短而密集。雄花被片绿黄色，4深裂，卵状长圆形，有短角状突起，雄蕊4枚，退化雌蕊小、圆锥状。瘦果小，圆卵形。花期6～9月，果期9～11月。

【分布】广东、广西、湖南、湖北、贵州、四川、甘肃南部、陕西南部、河南南部、安徽南部、江西、浙江、福建和台湾。

【用途】全草药用，有清热利湿、生津止渴和退黄护肝之效。

楼梯草 *Elatostema involucratum*

蔷薇目(Rosales)荨麻科(Urticaceae)楼梯草属(*Elatostema*)

楼梯草

【鉴别特征】多年生草本。茎肉质。叶片草质，斜倒披针状长圆形或斜长圆形，有时稍镰状弯曲，钟乳体明显；托叶狭条形或狭三角形。花序雌雄同株或异株。雄花序有梗；苞片少数，狭卵形或卵形；小苞片条形；雄花有梗；花被片5枚，椭圆形，下部合生；雄蕊5枚。雌花序具极短梗。瘦果卵球形。花期5～10月。

【分布】云南东北部(镇雄)、贵州、四川、湖南、广西西部、广东北部、江西、福建、浙江、江苏南部、安徽南部、湖北西部、河南西南部(淅川)、陕西南部及甘肃南部。在国外分布于日本、朝鲜南部。

【用途】全草药用，有活血祛瘀、利尿、消肿之效。

栝楼 *Trichosanthes kirilowii*

葫芦目(Cucurbitales)葫芦科(Cucurbitaceae)栝楼属(*Trichosanthes*)

栝楼

【鉴别特征】攀缘藤本。长达10m。块根圆柱状，淡黄褐色。茎多分枝，具纵棱及槽，被白色柔毛。叶片纸质，近圆形，常3～5(7)浅裂至中裂。卷须3～7歧，被柔毛。花雌雄异株。雄总状花序单生，顶端有5～8朵花；花萼筒筒状，被短柔毛；花冠白色，裂片倒卵形。雌花单生，花萼筒圆筒形，裂片和花冠同雄花；子房椭圆形，绿色，柱头3。果实椭圆形或圆形。花期5～8月，果期8～10月。

【分布】辽宁、华北、华东、中南、陕西、甘肃、四川、贵州和云南。日本、韩国也有分布。

【用途】本种的根、果实、果皮和种子分别为传统的中药天花粉、栝楼、栝楼皮和栝楼子(瓜蒌仁)。根有清热生津、解毒消肿的功效；其根中蛋白质称天花粉蛋白，有引产作用，是良好的避孕药；果实、种子和果皮有清热化痰、润肺止咳、滑肠的功效。

美丽秋海棠 *Begonia algaia*

葫芦目(Cucurbitales)秋海棠科(Begoniaceae)秋海棠属(*Begonia*)

【鉴别特征】多年生草本。基生叶具长柄，叶片宽卵形至长圆形；叶柄有棱，被锈褐色卷曲毛。花葶疏被锈褐色卷曲毛；花通常带白的玫瑰色，4朵，呈二歧聚伞状；苞片长圆状卵形。雄花花被片4枚，外2枚宽卵形，内2枚倒卵状长圆形；雄蕊多数。雌花花被片5枚，外面宽卵形，内面倒卵形；子房长圆形，2室；花柱2。蒴果下垂。花期6月开始，果期8月。

【分布】江西(安福、上犹、遂川、井冈山、永新、武功山)。

【用途】花形态优美，叶色柔媚，常用于盆栽观赏。

紫背天葵 *Begonia fimbristipula*

葫芦目(Cucurbitales)秋海棠科(Begoniaceae)秋海棠属(*Begonia*)

【鉴别特征】多年生无茎草本。根茎球状。叶基生，宽卵形，边缘具重锯齿或呈缺刻状；托叶小，卵状披针形，边缘撕裂状。花粉红色，二至三回二歧聚伞状花序。雄花花被片4枚，红色，外2枚宽卵形，内2枚倒卵长圆形；雄蕊多数。雌花花被片3枚，外2枚宽卵形至近圆形，内1枚倒卵形；子房长圆形，3室；花柱3。蒴果下垂。花期5月，果期6月开始。

【分布】浙江、江西、湖南、福建、广西、广东、海南和香港。

【用途】全草入药，有解毒、止咳、活血、消肿之效。

中华秋海棠 *Begonia grandis* subsp. *sinensis*

葫芦目(Cucurbitales)秋海棠科(Begoniaceae)秋海棠属(*Begonia*)

【鉴别特征】中型草本，外形似金字塔。叶较小，椭圆状卵形至三角状卵形。花序较短，呈伞房状至圆锥状二歧聚伞花序；花小，雄蕊多数，整体呈球状；花柱基部合生或微合生，有分枝，柱头呈螺旋状扭曲，稀呈"U"形。蒴果。

【分布】河北、山东、河南、山西、甘肃南部、陕西、四川东部、贵州、广西、湖北、湖南、江苏、浙江、福建等。昆明一带有栽培。

【用途】株形优美，叶形奇特，花色艳丽，是优良温室花卉；植株和块根可入药，具有发汗、治疗筋骨疼的功效。

锥栗 *Castanea henryi*

壳斗目(Fagales)壳斗科(Fagaceae)栗属(*Castanea*)

【鉴别特征】乔木。高达30m。叶长圆形或披针形。雌花1朵发育结实，花柱无毛。成熟壳斗连刺径2.5～4.5cm。坚果。花期5～7月，果期9～10月。

【分布】广布于秦岭南坡以南、五岭以北各地，但台湾及海南不产。

【用途】高大乔木，树干挺直，生长迅速，属优良速生树种。栗实供食用。

板栗 *Castanea mollissima*

壳斗目(Fagales)壳斗科(Fagaceae)栗属(*Castanea*)

【鉴别特征】乔木。高达20m。叶椭圆形至长圆形。雄花序轴被毛。花3～5朵聚生成簇。雌花1～3(5)朵发育结实，花柱下部被毛。成熟壳斗的锐刺有长有短，有疏有密。坚果。花期4～6月，果期8～10月。

【分布】除青海、宁夏、新疆、海南等少数省份外，广布南北各地。在国外分布于越南。

【用途】栗实供食用，除富含淀粉外，还含有单糖、双糖、胡萝卜素、维生素、蛋白质、脂肪、无机盐类等营养物质；栗木的心材黄褐色，边材色稍淡，心材与边材界限不甚分明，纹理直、结构粗、坚硬、耐水湿，属优质材。

茅栗 *Castanea seguinii*
壳斗目(Fagales)壳斗科(Fagaceae)栗属(*Castanea*)

茅栗

【鉴别特征】小乔木或灌木状。通常高2～5m，稀达12m。叶倒卵状椭圆形或长圆形，叶背有黄或灰白色鳞腺；托叶细长。雄花序有花3～5朵。雌花单生或生于混合花序的花序轴下部，每壳斗有雌花3～5朵，通常1～3朵发育结实；花柱9个或6个。壳斗外壁密生锐刺。坚果。花期5～7月，果期9～11月。

【分布】广布于大别山以南、五岭南坡以北各地。

【用途】果较小，但味较甜；树性矮，有试验将其作板栗的砧木，可提早结果及适当密植。

甜槠 *Castanopsis eyrei*
壳斗目(Fagales)壳斗科(Fagaceae)锥属(*Castanopsis*)

甜槠

【鉴别特征】乔木。高达20m。大树的树皮块状剥落。小枝有皮孔甚多。叶革质，卵形、披针形或长椭圆形，全缘或在顶部有少数浅裂齿。雄花序穗状或圆锥花序，花序轴无毛，花被片内面被疏柔毛。雌花的花柱3个或2个。壳斗阔卵形，2～4瓣开裂，有1个坚果。坚果阔圆锥形。花期4～6月，果期翌年9～11月。

【分布】长江以南各地，但海南、云南不产。

【用途】环孔材，木材淡棕黄色或黄白色，属黄锥类，年轮近圆形，仅有细木射线。在台湾，其木材价格与淋漓锥相同。

栲 *Castanopsis fargesii*

壳斗目(Fagales)壳斗科(Fagaceae)锥属(*Castanopsis*)

栲

【鉴别特征】乔木。高 10～30m。叶长椭圆形或披针形，稀卵形，全缘或近顶部有少数浅裂齿。雄花穗状或圆锥花序，花单朵密生于花序轴上，雄蕊 10 枚。雌花单朵散生于花序轴上。壳斗通常圆球形或宽卵形，每壳斗有 1 个坚果。坚果圆锥形。花期 4～6 月，也有 8～10 月，果翌年同期成熟。

【分布】长江以南各地，西南至云南东南部，西至四川西部。

【用途】木材淡黄至棕黄色，年轮可辨，环孔材至半环孔材。木射线有细、宽两类，宽木射线常见聚合射线，材质略轻软，干时常爆裂，不耐腐。

鹿角锥 *Castanopsis lamontii*

壳斗目(Fagales)壳斗科(Fagaceae)锥属(*Castanopsis*)

鹿角锥

【鉴别特征】乔木。高 8～15m，稀达 25m。叶厚纸质或近革质，椭圆形、卵形或长圆形，全缘或顶部有少数裂齿。雄穗状花序生于当年生枝顶叶腋间，多穗排列成假复穗状花序，雄蕊 12 枚。雌花序在雄花序之上的叶腋间抽出；每壳斗有雌花 3 朵；花柱 3 个或 2 个。壳斗圆球形或近圆球形，有坚果 2～3 个。坚果阔圆锥形。花期 3～5 月，果期翌年 9～11 月。

【分布】福建、江西、湖南、贵州 4 省南部，广东全境，广西大部，以及云南东南部。在国外分布于越南北部。

【用途】环孔材，木质部仅有细木射线，木材灰黄色至淡棕黄色，坚硬度中等，干时少爆裂，颇耐腐。

苦槠 *Castanopsis sclerophylla*

壳斗目(Fagales)壳斗科(Fagaceae)锥属(*Castanopsis*)

苦槠

【鉴别特征】乔木。高 5～10m，稀达 15m。树皮片状剥落。叶 2 列，叶片革质，长椭圆形、卵状椭圆形或倒卵状椭圆形,叶缘中部以上有锯齿。雄穗状花序常单穗腋生,雄蕊 12～10 枚。壳斗圆球形或半圆球形,有坚果 1 个,稀 2～3 个。坚果近圆球形。花期 4～5 月,果期 10～11 月。

【分布】长江以南、五岭以北各地,西南地区仅见于四川东部及贵州东北部。

【用途】种仁(子叶)是制粉条和豆腐的原料,制成的豆腐称为苦槠豆腐;环孔材,仅具细木射线,木材淡棕黄色,属白锥类,较致密,坚韧,富含弹性。

饭甑青冈 *Cyclobalanopsis fleuryi*

壳斗目(Fagales)壳斗科(Fagaceae)青冈属(*Cyclobalanopsis*)

饭甑青冈

【鉴别特征】常绿乔木。高达 25m。叶片革质,长椭圆形或卵状长椭圆形,全缘或顶端具齿;叶柄幼时被黄棕色毛。雄花序全体被褐色茸毛。雌花序生于小枝上部叶腋,着生花 4～5 朵;花序轴粗壮,密被黄色茸毛;花柱 4～8,柱头略 2 裂。壳斗钟形或近圆筒形;小苞片合生成 10～13 条同心环带,环带近全缘。坚果柱状长椭圆形。花期 3～4 月,果期 10～12 月。

【分布】江西、福建、广东、海南、广西、贵州、云南等。模式标本采自广东乳源。越南也有分布。

【用途】种子含淀粉,可酿酒或浆纱;种子中的总多酚含量高达 14.16%,种子提取物可作为天然抗氧化剂,应用于保健品、化妆品及医药等行业;壳斗、树皮含鞣质,为重要的化工原料;木质坚韧,为优良用材树种;终年常绿,枝繁叶茂,干形优美,也是良好的园林绿化树种。

青冈 *Cyclobalanopsis glauca*

壳斗目(Fagales)壳斗科(Fagaceae)青冈属(*Cyclobalanopsis*)

青冈

【鉴别特征】常绿乔木。高达 20m。叶片革质,倒卵状椭圆形或长椭圆形。雄花序轴被苍色茸毛。果序着生果 2～3 个。壳斗碗形,被薄毛;小苞片合生成 5～6 条同心环带，环带全缘或有细缺刻，排列紧密。坚果卵形、长卵形或椭圆形。花期 4～5 月，果期 10 月。

【分布】陕西、甘肃、江苏、安徽、浙江、江西、福建、台湾、河南、湖北、湖南、广东、广西、四川、贵州、云南、西藏等。朝鲜、日本、印度也有分布。

【用途】木材坚韧，可作桩柱、车船、工具柄等用材；种子含淀粉 60%～70%，可作饲料或酿酒；树皮含鞣质 16%，壳斗含鞣质 10%～15%，可制栲胶。

多脉青冈 *Cyclobalanopsis multinervis*

壳斗目(Fagales)壳斗科(Fagaceae)青冈属(*Cyclobalanopsis*)

多脉青冈

【鉴别特征】常绿乔木。高 12m。树皮黑褐色。芽有毛。叶片长椭圆形或椭圆状披针形，叶缘 1/3 以上有尖锯齿，叶背被伏贴单毛及易脱落的蜡粉层，脱落后带灰绿色。果序着生 2～6 个果。壳斗杯形；小苞片合生成 6～7 条同心环带，环带近全缘。坚果长卵形。果期 10～11 月。

【分布】安徽南部、江西、福建、湖北西部、湖南、广西东北部及四川东部。

【用途】木材纹理直、结构细，在稠类木材中是较好的一种，为优良珍贵用材，可作纺织工业的梭子、木工刨子、车辆、造船橹桨、运动器材和家具等用材；果实富含淀粉，可食用；壳斗含单宁，可提制栲胶。

小叶青冈 *Cyclobalanopsis myrsinifolia*

壳斗目(Fagales)壳斗科(Fagaceae)青冈属(*Cyclobalanopsis*)

小叶青冈

【鉴别特征】常绿乔木。高 20m。小枝被凸起、淡褐色、长圆形皮孔。叶卵状披针形或椭圆状披针形，叶缘中部以上有细齿；叶面绿色，叶背粉白色。雄花序长 4～6cm，雌花序长 1.5～3cm。壳斗杯形；小苞片合生成 6～9 条同心环带，环带全缘。坚果卵形或椭圆形。花期 6 月，果期 10 月。

【分布】产区很广，北自陕西、河南南部，东自福建、台湾，南至广东、广西，西南至四川、贵州、云南等。越南、老挝、日本也有分布。

【用途】木材坚硬，不易开裂，富弹性，能受压，为枕木、车轴良好材料。

曼青冈 *Cyclobalanopsis oxyodon*
壳斗目(Fagales)壳斗科(Fagaceae)青冈属(*Cyclobalanopsis*)

【鉴别特征】常绿乔木。高达 20m。叶长椭圆形至长椭圆状披针形，叶缘有锯齿，叶面绿色，叶背被灰白色或黄白色粉及平伏单毛和分叉毛，不久即脱净。雄花序长 6～10cm，有疏毛。雌花序长 2～5cm。壳斗杯形，被灰褐色茸毛；小苞片合生成 6～8 条同心环带，环带边缘粗齿状。坚果卵形至近球形。花期 5～6 月，果期 9～10 月。

【分布】陕西、浙江、江西、湖北、湖南、广东、广西、四川、贵州、云南、西藏等。

【用途】木材材质优良，可作建筑、家具等用材；种子含淀粉，可制粉和酿酒，糟粕可作牲畜饲料；树皮和壳斗含鞣质，可提制栲胶；枝、干是培养食用菌的好原料。

云山青冈 *Cyclobalanopsis sessilifolia*
壳斗目(Fagales)壳斗科(Fagaceae)青冈属(*Cyclobalanopsis*)

【鉴别特征】常绿乔木。高达 25m。冬芽圆锥形，褐色。叶片革质，长椭圆形至披针状长椭圆形，全缘或顶端有 2～4 锯齿。雄花序长 5cm，花序轴被苍黄色茸毛；雌花序长约 1.5cm，花柱 3 裂。壳斗杯形，被灰褐色茸毛，具 5～7 条同心环带，除下面 2～3 环有裂齿外，其余近全缘。坚果倒卵形或长椭圆状倒卵形。花期 4～5 月，果期 10～11 月。

【分布】江苏、浙江、江西、福建、台湾、湖北、湖南、广东、广西、四川、贵州等。在国外分布于日本。

【用途】种子含淀粉，可酿酒或作饲料。

米心水青冈　*Fagus engleriana*
壳斗目(Fagales)壳斗科(Fagaceae)水青冈属(*Fagus*)

米心水青冈

【鉴别特征】乔木。高达 25m。小枝的皮孔近圆形。叶菱状卵形，叶缘波浪状。位于壳斗下部的小苞片狭倒披针形，叶状，绿色；位于上部的为线状，弯钩，被毛。每壳斗有坚果 2 个，稀 3 个。花期 4～5 月，果 8～10 月成熟。

【分布】秦岭以南、五岭北坡以北，星散分布。

【用途】木材结构细至中等，纹理直或斜，硬度中至硬，冲击韧性高，作高级家具、室内装修、运动器械、文具、乐器、建筑等用材。

水青冈　*Fagus longipetiolata*
壳斗目(Fagales)壳斗科(Fagaceae)水青冈属(*Fagus*)

水青冈

【鉴别特征】乔木。高达 25m。小枝的皮孔狭长圆形或近圆形。叶菱状卵形，叶缘波浪状，有短的尖齿。壳斗(3～)4 瓣裂，稍增厚的木质；小苞片线状，向上弯钩。坚果 2 个。花期 4～5 月，果期 9～10 月。

【分布】秦岭以南、五岭南坡以北各地。越南有分布。

【用途】为优良地板材。

港柯　*Lithocarpus harlandii*
壳斗目(Fagales)壳斗科(Fagaceae)柯属(*Lithocarpus*)

港柯

【鉴别特征】乔木。高约 18m。叶硬革质，披针形、椭圆形或倒披针形，叶缘上部有波浪状齿，叶背有蜡鳞层。花序着生于当年生枝顶，雄圆锥花序由多个穗状花序组成，雌花每 3 朵一簇或全为单花散生于花序轴上，花柱 2 个或 3 个。壳斗浅碗状；小苞片鳞片状，三角形或菱形，覆瓦状排列，被微柔毛。坚果长圆锥形或宽椭圆形。花期 5～6 月，果翌年 9～10 月成熟。

【分布】江西南部、台湾、广东、香港、广西南部、海南。

【用途】枝叶茂密，树冠宽广，叶片亮绿，是优良的园林树种。

木姜叶柯 *Lithocarpus litseifolius*
壳斗目(Fagales)壳斗科(Fagaceae)柯属(*Lithocarpus*)

【鉴别特征】乔木。高达 20m。叶纸质至近革质，椭圆形、倒卵状椭圆形或卵形，全缘。雄穗状花序多穗排成圆锥花序，少有单穗腋生；雌花序通常 2～6 穗聚生于枝顶部，花序轴常被稀疏短毛，每 3～5 朵一簇。壳斗浅碟状或短漏斗状；小苞片三角形，紧贴，覆瓦状排列，或基部的连生成圆环。坚果宽圆锥形或近圆球形。花期 5～9 月，果翌年 6～10 月成熟。

【分布】秦岭南坡以南各省份。在国外分布于老挝、缅甸东北部、越南北部。

【用途】嫩叶有甜味，嚼烂时为黏胶质，长江以南多数山区居民用其叶泡茶，通称甜茶。

栎叶柯 *Lithocarpus quercifolius*
壳斗目(Fagales)壳斗科(Fagaceae)柯属(*Lithocarpus*)

【鉴别特征】乔木。高 5～6m。当年生枝被短柔毛。叶常聚生于枝的上部，硬纸质，长椭圆形或倒卵状椭圆形，叶缘有少数锐裂齿；托叶线状。雄穗状花序长约 5cm；雌花单朵散生于雄花序轴的下段，有雌花 1 朵或数朵；花序轴被黄灰色短柔毛；花柱 3 个。壳斗浅碟状；小苞片幼时狭披针形，成熟时菱形或阔三角形。坚果扁圆形。花期 4～6 月，果 9～10 月成熟。

【分布】江西(遂川)、广东(惠阳)。模式标本采自广东惠阳。

【用途】中国特有种，果实含淀粉，可食用。

滑皮柯 *Lithocarpus skanianus*
壳斗目(Fagales)壳斗科(Fagaceae)柯属(*Lithocarpus*)

【鉴别特征】乔木。高达 20m。芽鳞、当年生枝、叶柄及花序轴均密被黄棕色茸毛。叶厚纸质，倒卵状椭圆形、倒披针形或椭圆形，全缘或近顶部浅波浪状。雄圆锥花序生于枝顶，少有单穗状花序腋生；雌花每 3 朵一簇。壳斗扁圆形至近圆球形，小苞片钻尖状或短线状。坚果扁圆形或宽圆锥形。花期 9～10 月，果翌年同期成熟。

【分布】江西、福建、湖南 3 省南部，以及广东、海南、广西和云南东南部。

【用途】木材灰棕色，颇坚实。果实含淀粉，可食用。

杨梅　*Myrica rubra*

壳斗目(Fagales)杨梅科(Myricaceae)杨梅属(*Myrica*)

杨梅

【鉴别特征】常绿乔木。高可达 15m 以上。叶革质，椭圆状或楔状披针形，边缘中部以上具齿，中部以下全缘。花雌雄异株。雄花序单独或数个丛生于叶腋，圆柱状；基部的苞片不孕；孕性苞片近圆形，全缘，每苞片腋内生 1 雄花。雌花序常单生于叶腋，每苞片腋内生 1 雌花，雌花具 4 枚卵形小苞片；子房卵形；每一雌花序仅上端 1(稀 2)雌花能发育成果实。核果球状。花期 4 月，果期 6～7 月。

【分布】江苏、浙江、台湾、福建、江西、湖南、贵州、四川、云南、广西和广东。日本、朝鲜和菲律宾也有分布。

【用途】果实是我国江南的著名水果；树皮富含单宁，可用作赤褐色染料及医药中的收敛剂。

青钱柳　*Cyclocarya paliurus*

壳斗目(Fagales)胡桃科(Juglandaceae)青钱柳属(*Cyclocarya*)

青钱柳

【鉴别特征】乔木。高达 10～30m。枝条具灰黄色皮孔。奇数羽状复叶具(5)7～9(11)小叶，叶柄密被短柔毛；小叶纸质，侧生小叶长椭圆状卵形至阔披针形，顶生小叶长椭圆形至长椭圆状披针形，叶缘具齿。雄性柔荑花序 3 个或稀 2～4 个成一束生于总梗上，总梗自 1 年生枝条的叶痕腋内生出。雌性柔雄花序单独顶生。果实扁球形。花期 4～5 月，果期 7～9 月。

【分布】安徽、江苏、浙江、江西、福建、台湾、湖北、湖南、四川、贵州、广西、广东和云南东南部。

【用途】树皮含鞣质，可提制栲胶，也可作纤维原料；木材细致，可作家具及工业用材。

黄杞 *Engelhardia roxburghiana*

壳斗目(Fagales)胡桃科(Juglandaceae)黄杞属(*Engelhardia*)

黄杞

【鉴别特征】半常绿乔木。高逾 10m。全体无毛，被有橙黄色盾状着生的圆形腺体。偶数羽状复叶，小叶 3～5 对。雌雄同株或稀异株。雌花序为顶生圆锥状花序，下方为雄花序。果实坚果状，球形。花期 5～6 月，果期 8～9 月。

【分布】台湾、广东、海南、广西、湖南、贵州、四川和云南等。在国外分布于柬埔寨、印度尼西亚、老挝、缅甸、巴基斯坦东部、泰国、越南。

【用途】树皮纤维质量好，可制人造棉，也含鞣质，可提制栲胶；叶有毒，制成溶剂能防治农作物病虫害，也可毒鱼；木材为工业和家具用材。

枫杨 *Pterocarya stenoptera*

壳斗目(Fagales)胡桃科(Juglandaceae)枫杨属(*Pterocarya*)

枫杨

【鉴别特征】大乔木。高达 30m。小枝具灰黄色皮孔。偶数或稀奇数羽状复叶，叶柄被短毛；小叶(6) 10～16(25)片，对生，长椭圆形至长椭圆状披针形，边缘具齿。雄性柔荑花序生于上一年生枝条上叶痕腋内；雄花常具 1(稀 2 或 3)枚发育的花被片，雄蕊 5～12 枚。雌性柔荑花序顶生，下端具 2 枚不孕苞片。果实长椭圆形。花期 4～5 月，果熟期 8～9 月。

【分布】陕西、河南、山东、安徽、江苏、浙江、江西、福建、台湾、广东、广西、湖南、湖北、四川、贵州、云南。华北和东北仅有栽培。模式标本采自广东。在国外分布于日本、朝鲜。

【用途】已广泛栽植作庭荫树或行道树；树皮和枝皮含鞣质，可提制栲胶，也可作纤维原料；果实可作饲料和酿酒；种子可榨油。

雷公鹅耳枥 *Carpinus viminea*

壳斗目(Fagales)桦木科(Betulaceae)鹅耳枥属(*Carpinus*)

【鉴别特征】乔木。高10～20m。小枝密生白色皮孔。叶厚纸质，椭圆形、矩圆形、卵状披针形，边缘具重锯齿。果序下垂，序梗疏被短柔毛；果苞内、外侧基部均具裂片，中裂片半卵状披针形至矩圆形，内侧边缘全缘，外侧边缘具齿牙状粗齿，内侧基部的裂片卵形，外侧基部的裂片与之近相等或较小而呈齿裂状；小坚果宽卵圆形。花期3～4月，果期9月。

【分布】西藏南部和东南部、云南、贵州、四川、湖北、湖南、广西、江西、福建、浙江、江苏、安徽。在国外分布于不丹、印度、缅甸、尼泊尔、泰国、越南。

【用途】为良好的园林绿化树种。

江南桤木 *Alnus trabeculosa*

壳斗目(Fagales)桦木科(Betulaceae)桤木属(*Alnus*)

【鉴别特征】乔木。高约10m。芽具柄，具2枚光滑的芽鳞。短枝和长枝上的叶大多数均为倒卵状矩圆形、倒披针状矩圆形或矩圆形，有时长枝上的叶为披针形或椭圆形，边缘具不规则疏细齿，下面具腺点；叶柄细瘦，疏被短柔毛或无毛。果序矩圆形，2～4个呈总状排列；果苞木质，基部楔形，顶端圆楔形，具5枚浅裂片；小坚果宽卵形，果翅厚纸质。花期2～3月，果期秋季。

【分布】安徽、江苏、浙江、江西、福建、广东、湖南、湖北、河南南部。在国外分布于日本。

【用途】木材纹理直，耐水湿，可作矿柱、舟船和水桶等用材；树皮和果序富含单宁，可以提制栲胶。

槲寄生 *Viscum coloratum*

檀香目(Santalales)檀香科(Santalaceae)槲寄生属(*Viscum*)

【鉴别特征】灌木。高 0.3～0.8m。叶对生，稀 3 片轮生，厚革质或革质，长椭圆形至椭圆状披针形。雌雄异株，花序顶生或腋生。雄花序聚伞状，总苞舟形，通常具花 3 朵；雄花花蕾时卵球形；萼片 4 枚，卵形。雌花序聚伞式穗状，具花 3～5 朵；苞片阔三角形；雌花花蕾时长卵球形；花托卵球形；萼片 4 枚，三角形。果球形，具宿存花柱。花期 4～5 月，果期 9～11 月。

【分布】我国大部分省份均产，仅新疆、西藏、云南、广东不产。在国外分布于日本、朝鲜、俄罗斯东部。

【用途】全株入药，即中药材槲寄生正品，治风湿痹痛、腰膝酸软、胎动、胎漏及高血压等。

金荞麦 *Fagopyrum dibotrys*

石竹目(Caryophyllales)蓼科(Polygonaceae)荞麦属(*Fagopyrum*)

【鉴别特征】多年生草本。根茎木质化，黑褐色。茎直立，分枝，具纵棱。叶三角形，边缘全缘，两面具乳头状突起或被柔毛；托叶鞘筒状，膜质，褐色。花序伞房状，顶生或腋生；苞片卵状披针形，每苞内具 2～4 花；花梗中部具关节；花被 5 深裂，白色，花被片长椭圆形；雄蕊 8 枚，花柱 3 个。瘦果宽卵形，具 3 锐棱。花期 7～9 月，果期 8～10 月。

【分布】陕西、华东、华中、华南及西南。在国外分布于不丹、印度、缅甸、尼泊尔、越南等。

【用途】块根供药用，具清热解毒、排脓去瘀等功效。

头花蓼 *Polygonum capitata*

石竹目(Caryophyllales)蓼科(Polygonaceae)蓼属(*Polygonum*)

【鉴别特征】多年生草本。茎匍匐，丛生，基部木质化，多分枝。叶卵形或椭圆形，全缘；叶柄基部有时具叶耳；托叶鞘筒状，膜质，具腺毛。花序头状，单生或成对顶生；花序梗具腺毛；苞片长卵形，膜质；花被5深裂，淡红色，花被片椭圆形；雄蕊8枚；花柱3个，中下部合生。瘦果长卵形，具3棱。花期6～9月，果期8～10月。

【分布】江西、湖南、湖北、四川、贵州、广东、广西、云南及西藏。在国外分布于不丹、印度北部、马来西亚、缅甸、尼泊尔、斯里兰卡、泰国、越南。

【用途】全草入药，治尿道感染、肾盂肾炎。

尼泊尔蓼 *Polygonum nepalensis*

石竹目(Caryophyllales)蓼科(Polygonaceae)蓼属(*Polygonum*)

【鉴别特征】一年生草本。高达40cm。茎外倾或斜上，多分枝。茎下部叶卵形或三角状卵形，茎上部叶较小；叶柄抱茎；托叶鞘筒状，膜质，淡褐色，基部具刺毛。花序头状，顶生或腋生，基部常具1叶状总苞片；苞片卵状椭圆形，每苞内具1花；花被通常4裂，淡紫红色或白色，花被片长圆形；雄蕊5～6枚；花柱2个，下部合生。瘦果宽卵形，双凸镜状。花期5～8月，果期7～10月。

【分布】除新疆外，全国各地有分布。在国外分布于阿富汗、不丹、印度、印度尼西亚、日本、朝鲜、马来西亚、尼泊尔、新几内亚、巴基斯坦、菲律宾、俄罗斯远东地区、泰国、非洲热带地区。

【用途】茎、叶柔软，为优等牧草，各种家畜喜食。

雀舌草 *Stellaria alsine*

石竹目(Caryophyllales)石竹科(Caryophyllaceae)繁缕属(*Stellaria*)

【鉴别特征】二年生草本。高15～25(35)cm。茎丛生，上升，多分枝。叶片披针形至长圆状披针形，半抱茎，边缘软骨质，呈微波状。聚伞花序通常具3～5朵花，顶生或单生于叶腋；花梗基部有时具 2 枚披针形苞片；萼片 5 枚，披针形，边缘膜质；花瓣 5 枚，白色，2 深裂几达基部，裂片条形；雄蕊 5（～10）枚，有时 6～7 枚；子房卵形；花柱 3 个，有时为 2 个，短线形。蒴果卵圆形。花期 5～6 月，果期 7～8 月。

【分布】内蒙古、甘肃、河南、安徽、江苏、浙江、江西、台湾、福建、湖南、广东、广西、贵州、四川、云南、西藏。在国外分布于不丹、印度、日本、朝鲜、尼泊尔、巴基斯坦、越南、欧洲。

【用途】全株药用，可强筋骨、治刀伤。

繁缕 *Stellaria media*

石竹目（Caryophyllales）石竹科（Caryophyllaceae）繁缕属（*Stellaria*）

【鉴别特征】一年生或二年生草本。高达 30cm。茎基部多少分枝，常带淡紫红色，被 1（～2）列毛。叶片宽卵形或卵形，全缘；基生叶具长柄，上部叶无柄或具短柄。疏聚伞花序顶生；萼片 5 枚，卵状披针形；花瓣白色，长椭圆形，深 2 裂达基部，裂片近线形；雄蕊 3～5 枚；花柱 3 个，线形。蒴果卵形，顶端 6 裂。花期 6～7 月，果期 7～8 月。

【分布】全国广布（仅新疆、黑龙江未见记录）。为常见田间杂草。在国外分布于阿富汗、不丹、印度、日本、朝鲜、巴基斯坦、俄罗斯等。

【用途】茎、叶及种子供药用；嫩苗可食，但据《东北草本植物志》记载为有毒植物，家畜食用会引起中毒及死亡。

垂序商陆 *Phytolacca americana*

石竹目（Caryophyllales）商陆科（Phytolaccaceae）商陆属（*Phytolacca*）

【鉴别特征】多年生草本。高 1～2m。根粗壮，肥大，倒圆锥形。茎直立，圆柱形，有时带紫红色。叶片椭圆状卵形或卵状披针形，长 9～18cm，宽 5～10cm，顶端急尖，基部楔形；叶柄长 1～4cm。总状花序顶生或侧生，长 5～20cm；

花梗长 6～8mm；花白色，微带红晕，直径约 6mm；花被片 5，雄蕊、心皮及花柱通常均为 10，心皮合生。果序下垂；浆果扁球形，熟时紫黑色。种子肾圆形，直径约 3mm。花期 6～8 月，果期 8～10 月。

【分布】原产于北美，现遍及我国河北、陕西、山东、江苏、浙江、江西、福建、河南、湖北、广东、四川、云南。

【用途】根供药用，治水肿、风湿，并有催吐作用；种子利尿；叶有解热作用，并治脚气。外用可治无名肿毒及皮肤寄生虫病。全草可作农药。

蓝果树 *Nyssa sinensis*
山茱萸目(Cornales)蓝果树科(Nyssaceae)蓝果树属(*Nyssa*)

蓝果树

【鉴别特征】落叶乔木。高逾 20m。叶纸质或薄革质，互生，椭圆形或长椭圆形，边缘略呈浅波状。花序伞形或短总状，花单性。雄花着生于叶已脱落的老枝上；花瓣早落，窄矩圆形；雄蕊 5～10 枚，生于肉质花盘的周围。雌花生于具叶的幼枝上，花瓣鳞片状，子房下位。核果矩圆状椭圆形或长倒卵圆形，稀长卵圆形。花期 4 月下旬，果期 9 月。

【分布】江苏南部、浙江、安徽南部、江西、湖北、四川东南部、湖南、贵州、福建、广东、广西、云南等。在国外分布于越南。

【用途】木材坚硬，作建筑、舟车和家具等用材，或作枕木和胶合板、造纸原料；树干通直，树冠呈宝塔形，枝叶茂密，色彩美观，秋叶红艳，可供观赏。

瓜木 *Alangium platanifolium*
山茱萸目(Cornales)山茱萸科(Cornaceae)八角枫属(*Alangium*)

瓜木

【鉴别特征】落叶灌木或小乔木。高 5～7m。冬芽圆锥状卵圆形，鳞片三角状卵形。叶纸质，近圆形，稀阔卵形或倒卵形，边缘呈波状或钝锯齿状。聚伞花序生于叶腋，通常有 3～5 花；花瓣 6～7 枚，线形，紫红色，外面有短柔毛，基部连合，上部开花时反卷；雄蕊 6～7 枚；子房 1 室；花柱粗壮，柱头扁平。核果长卵圆形或长椭圆形。花期 3～7 月，果期 7～9 月。

【分布】吉林、辽宁、河北、山西、河南、陕西、甘肃、山东、浙江、台湾、江西、湖北、四川、贵州和云南东北部。朝鲜和日本也有分布。

【用途】树皮含鞣质，纤维可制作人造棉；根、叶药用，治风湿和跌打损伤等；还可以作农药。

尖叶四照花 *Cornus elliptica*
山茱萸目(Cornales) 山茱萸科(Cornaceae) 山茱萸属(*Cornus*)

【鉴别特征】常绿乔木或灌木。高 4～12m。叶对生，革质，长圆状椭圆形，稀卵状椭圆形或披针形。头状花序球形，由 55～80(95) 朵花聚集而成；总苞片 4 枚，长卵形至倒卵形，初为淡黄色，后变为白色，两面微被白色贴生短柔毛；花萼管状，上部 4 裂；花瓣 4 枚，卵圆形；雄蕊 4 枚。果序球形。花期 6～7 月，果期 10～11 月。

【分布】陕西南部、甘肃南部，以及浙江、安徽、江西、福建、湖北、湖南、广东、广西、四川、贵州、云南等。

【用途】果实成熟时味甜可食。

香港四照花 *Cornus hongkongensis*
山茱萸目(Cornales) 山茱萸科(Cornaceae) 山茱萸属(*Cornus*)

【鉴别特征】常绿乔木或灌木。高 5～15m。叶对生，薄革质至厚革质，椭圆形至长椭圆形，稀倒卵状椭圆形。头状花序球形，由 50～70 朵花聚集而成；总苞片 4 枚，白色，宽椭圆形至倒卵状宽椭圆形；花小，有香味；花萼管状，绿色；花瓣 4 枚，长圆状椭圆形，淡黄色；雄蕊 4 枚；子房下位，花柱圆柱形。果序球形，被白色细毛。花期 5～6 月，果期 11～12 月。

【分布】浙江东部、江西南部、湖南南部，以及福建、广东、广西、四川、贵州、云南等。在国外分布于老挝、越南。

【用途】木材为建筑材料；果供食用，还可作为酿酒原料。

中国绣球 *Hydrangea chinensis*
山茱萸目(Cornales)绣球花科(Hydrangeaceae)绣球属(*Hydrangea*)

【鉴别特征】灌木。高 0.5～2m。1 年生或 2 年生小枝红褐色或褐色，老后树皮呈薄片状剥落。叶薄纸质至纸质，长圆形或狭椭圆形，边缘具疏齿；叶柄被短柔毛。伞形或伞房聚伞花序顶生，顶端截平或微拱，分枝 3 或 5；不育花萼片 3～4 枚；孕性花萼筒杯状，花瓣黄色、椭圆形或倒披针形，雄蕊 10～11 枚，子房近半下位，花柱 3～4。蒴果卵球形。花期 5～6 月，果期 9～10 月。

【分布】台湾(台北、宜兰)，福建西北部，浙江东北部至西北部，安徽(黄山、金寨)，江西大部分地区，湖南西北部至西南部，以及广西东南部、东北部至北部和西北部。

【用途】花朵大，姿态优美，为良好的园林观花树种。

柳叶绣球 *Hydrangea stenophylla*
山茱萸目(Cornales)绣球花科(Hydrangeaceae)绣球属(*Hydrangea*)

【鉴别特征】灌木。高 0.8～2m。1 年生小枝淡紫色，2 年生小枝通常白色，3 年生小枝树皮常呈片状剥落。叶纸质，狭披针形或披针形，边缘稍反卷，有疏齿。伞房状聚伞花序，分枝 3；不育花存在，稀少，萼片 3～4 枚；孕性花绿白色，萼筒浅杯状，疏被短柔毛，花瓣狭椭圆形或椭圆形，雄蕊 8～10 枚，子房近半下位，花柱 3～4。蒴果阔椭圆状。花期 5～6 月，果期 9～10 月。

【分布】江西西南部、广东北部和西部。

【用途】常植为花篱、花境。

蜡莲绣球 *Hydrangea strigosa*

山茱萸目(Cornales)绣球花科(Hydrangeaceae)绣球属(*Hydrangea*)

【鉴别特征】灌木。高 1～3m。叶纸质，长圆形、卵状披针形或倒卵状披针形，边缘具齿；叶柄被糙伏毛。伞房状聚伞花序大，顶端稍拱，分枝扩展，密被灰白色糙伏毛；不育花萼片 4～5 枚，阔卵形、阔椭圆形或近圆形，白色或淡紫红色；孕性花淡紫红色，萼筒钟状，花瓣长卵形，雄蕊不等长，子房下位，花柱 2。蒴果坛状。花期 7～8 月，果期 11～12 月。

【分布】陕西(洋县)、四川、云南、贵州、湖北和湖南等。

【用途】根可药用；具有观赏价值。

蜡莲绣球

睫毛萼凤仙花 *Impatiens blepharosepala*

杜鹃花目(Ericales)凤仙花科(Balsaminaceae)凤仙花属(*Impatiens*)

【鉴别特征】一年生草本。高 30～60cm。叶互生，常密生于茎或分枝上部，矩圆形或矩圆状披针形，有 2 个球状腺体，边缘有圆齿。总花梗腋生；花 1～2 朵，紫色；侧生萼片 2 枚，卵形；旗瓣近肾形，先端凹，背面中肋有狭翅，翅端具喙；翼瓣无柄，2 裂基部裂片矩圆形，上部裂片大、斧形；唇瓣宽漏斗状。蒴果条形。花期 7～10 月，果期 10～11 月。

【分布】湖南、湖北、江西、贵州、安徽、福建。

【用途】花色鲜艳，姿态优美，为良好的观花植物。

睫毛萼凤仙花

鸭跖草状凤仙花 *Impatiens commelinoides*

杜鹃花目(Ericales)凤仙花科(Balsaminaceae)凤仙花属(*Impatiens*)

【鉴别特征】一年生草本。高 20～40cm。茎纤细，平卧。叶互生，卵形或菱形，上面深绿色，下面灰绿色。仅 1 朵花，蓝紫色；侧萼片 2 枚，宽卵形；旗瓣圆

鸭跖草状凤仙花

形，翼瓣具柄，唇瓣宽漏斗状，基部渐狭成长约 5mm 的距；雄蕊 5，花丝线形；花药卵形；子房纺锤形。蒴果线状圆柱形。种子褐色，长圆状球形。花期 8～10 月，果期 11 月。

【分布】福建、广东、湖南、江西、浙江。

【用途】极易成活，易于栽培，花形奇特，观赏价值极高。

牯岭凤仙花　*Impatiens davidii*

杜鹃花目(Ericales)凤仙花科(Balsaminaceae)凤仙花属(*Impatiens*)

牯岭凤仙花

【鉴别特征】一年生草本。可高达 90cm。茎粗壮，肉质，直立或下部斜升。叶互生，卵状长圆形或卵状披针形。仅 1 朵花，淡黄色；侧生萼片 2 枚，膜质，宽卵形；旗瓣近圆形，先端微凹；翼瓣具柄，2 裂，上部裂片大，斧形，先端钝，外缘近基部具钝角状的小耳，下部裂片小，长圆形，先端渐尖成长尾状；唇瓣囊状，具黄色条纹；雄蕊 5 枚；花丝线形，上部略扩大；花药卵球形，顶端钝；子房纺锤形，直立，具短喙尖。蒴果线状圆柱形，长 3～3.5cm。花期 7～9 月，果期 9～10 月。

【分布】江西、安徽、福建、湖北、湖南。

【用途】可入药，具有消积、止痛之效。

井冈山凤仙花　*Impatiens jinggangensis*

杜鹃花目(Ericales)凤仙花科(Balsaminaceae)凤仙花属(*Impatiens*)

井冈山凤仙花

【鉴别特征】一年生草本。高 30～90cm。茎肉质，直立或基部斜升，绿色。叶互生，卵状披针形或长圆状披针形，边缘具粗圆齿；叶柄基部有 2 个具柄腺体。总花梗单生于上部叶腋，3～8 花近伞房排列，花紫色或鲜粉红色；侧生萼片 2 枚，斜卵形；旗瓣近圆形，翼瓣斧形，唇瓣宽漏斗状；子房纺锤状。蒴果线形。花果期 8～10 月。

【分布】江西(宁冈、井冈山)、湖南(宜章莽山、衡山、城步)。模式标本采自江西井冈山。

【用途】花形奇特，开花时间长，具有极高的观赏价值。

黄金凤　*Impatiens siculifer*

杜鹃花目(Ericales)凤仙花科(Balsaminaceae)凤仙花属(*Impatiens*)

【鉴别特征】一年生草本。高 30～60cm。茎细弱，不分枝或有少数分枝。叶互生，常密集于茎或分枝的上部，卵状披针形或椭圆状披针形，边缘有粗圆齿，齿间有小刚毛。总花梗生于上部叶腋，花 5～8 朵排成总状花序；花梗纤细，基部有 1 枚披针形苞片宿存；花黄色；侧生萼片 2 枚，窄矩圆形；旗瓣近圆形，翼瓣无柄，2 裂，唇瓣狭漏斗状。蒴果棒状。花期 5～10 月，果期 6～11 月。

【分布】江西、湖南、湖北、贵州、广西、四川、重庆、云南。

【用途】茎入药，具清热解毒、消肿、止痛等功效，治风湿、跌打和烫伤。

管茎凤仙花　*Impatiens tubulosa*

杜鹃花目(Ericales)凤仙花科(Balsaminaceae)凤仙花属(*Impatiens*)

【鉴别特征】一年生草本。高 30～40cm。茎较粗壮，肉质，直立。叶互生，下部叶在花期凋落，上部叶常密集；叶片披针形或长圆状披针形，边缘具圆齿。总花梗和花序轴粗壮，具 3～4(5) 花，排列成总状花序；花梗基部有 1 枚苞片，苞片膜质，卵状披针形，果期脱落；花黄色；侧生萼片 4 枚；唇瓣囊状，旗瓣倒卵状椭圆形，翼瓣具短柄，2 裂；雄蕊 5 枚；子房纺锤形。蒴果棒状。花期 8～12 月。

【分布】浙江(龙泉)、江西(宁都、龙南、九龙山)、福建(南靖、厦门)、广东(连州、罗浮山)。

【用途】花色艳丽，花形奇特，观赏价值高。

杜茎山　*Maesa japonica*

杜鹃花目(Ericales)报春花科(Primulaceae)杜茎山属(*Maesa*)

【鉴别特征】灌木。高 1～3(5)m。茎直立，有时外倾或攀缘。叶片革质，椭圆形至披针状椭圆形，几全缘或中部以上具疏齿。总状花序或圆锥花序，单个或 2～3 个腋生；苞片卵形；小苞片广卵形或肾形；萼片卵形至近半圆形；花冠白色，长钟形；雄蕊着生于花冠管中部略上，内藏；柱头分裂。果球形，肉质，常冠宿存花柱。花期 1～3 月，果期 5～10 月。

【分布】我国西南至台湾以南各省份。日本和越南北部也有分布。

【用途】果可食，微甜；全株供药用，有祛风寒、消肿之功效，用于治腰痛、头痛、心躁烦渴、眼目晕眩等症；根与白糖煎服治皮肤风毒，也治妇女崩漏；茎、叶外敷可止血，治跌打损伤。

光叶铁仔　*Myrsine stolonifera*

杜鹃花目(Ericales)报春花科(Primulaceae)铁仔属(*Myrsine*)

光叶铁仔

【鉴别特征】灌木。高达 2m。分枝多。叶片坚纸质至近革质，椭圆状披针形，全缘或有时中部以上具齿。伞形花序或花簇生，腋生或生于裸枝叶痕上，有花 3～4 朵；每花基部具 1 枚苞片，苞片戟形或披针形；花 5 数，裂片长圆形，花冠基部连合成极短的管，里面密被乳头状突起；雄蕊基部与花冠管合生，上部分离。果球形。花期 4～6 月，果期 12 月至翌年 12 月。

【分布】浙江、安徽、江西、四川、贵州、云南、广西、广东、福建、台湾。模式标本采于浙江宁波。日本也有分布。

【用途】根或全株可入药，具有清热利湿、收敛止血等功效。

少年红　*Ardisia alyxiifolia*

杜鹃花目(Ericales)报春花科(Primulaceae)紫金牛属(*Ardisia*)

少年红

【鉴别特征】小灌木。高约 50cm。具匍匐茎。叶互生，叶片厚坚纸质至革质，卵形。亚伞形花序或伞房花序，稀复伞形花序，侧生，稀腋生；花瓣白色，稀粉红色，具疏腺点；雄蕊较花瓣略短；雌蕊与花瓣等长。果球形，红色，略肉质。

花期 6～7 月，果期 10～12 月。

【分布】湖南、广东、广西、贵州等。

【用途】可入药，具有止咳平喘、活血散瘀之功效。

九管血 *Ardisia brevicaulis*
杜鹃花目(Ericales)报春花科(Primulaceae)紫金牛属(*Ardisia*)

【鉴别特征】矮小灌木。直立茎高 10～15cm。叶片
坚纸质，狭卵形或卵状披针形。伞形花序，着生于侧生　九管血
特殊花枝顶端；花瓣粉红色；雄蕊较花瓣短，花药披针形；雌蕊与
花瓣等长；胚珠 6 枚，1 轮。果球形，鲜红色，宿存萼与果梗通常
为紫红色。花期 6～7 月，果期 10～12 月。

【分布】我国从西南至台湾，从湖北至广东。

【用途】全株入药，有祛风、解毒之功效，用于风湿筋骨痛、
痨伤咳嗽、喉蛾、蛇咬伤和无名肿毒；根有与当归类同的作用，又
因根横断面有血红色汁液渗出，故有"血党"之称。

硃砂根 *Ardisia crenata*
杜鹃花目(Ericales)报春花科(Primulaceae)紫金牛属(*Ardisia*)

【鉴别特征】灌木。高 1～2m，稀达 3m。叶片革质
或坚纸质，椭圆形，边缘具皱波状或波状齿和明显的腺　硃砂根
点。伞形花序或聚伞花序，着生于侧生特殊花枝顶端；花瓣白色，稀
略带粉红色；雄蕊较花瓣短；雌蕊与花瓣近等长或略长；胚珠 5 枚，
1 轮。果球形，鲜红色，具腺点。花期 5～6 月，果期 10～12 月。

【分布】我国西至西藏东南部，东至台湾，北至湖北，南至
海南。

【用途】可入药，主治咽喉肿痛。

广西过路黄 *Lysimachia alfredii*
杜鹃花目(Ericales)报春花科(Primulaceae)珍珠菜属(*Lysimachia*)

【鉴别特征】多年生草本。高 10～30(45)cm。茎簇　广西过路黄

生，单一或近基部有分枝。叶对生，密聚成轮生状。总状花序顶生，缩短成近头状；花冠黄色；花粉粒具 3 孔沟，近球形。蒴果近球形，直径 4～5mm。花期 4～5 月，果期 6～8 月。

【分布】贵州、广西、广东、湖南、江西和福建。

【用途】可入药，具清热利湿的功效。

矮桃　*Lysimachia clethroides*
杜鹃花目(Ericales)报春花科(Primulaceae)珍珠菜属(*Lysimachia*)

矮桃

【鉴别特征】多年生草本。高 40～100cm。根茎横走，淡红色。叶互生，长椭圆形或阔披针形。总状花序顶生，常转向一侧，后渐伸长；花冠白色；雄蕊内藏，花丝基部连合并贴生于花冠基部，花药长圆形；花粉粒具 3 孔沟，长球形。蒴果近球形。花期 5～7 月，果期 7～10 月。

【分布】我国东北、华中、西南、华南、华东各省份以及河北、陕西等。在国外分布于日本、朝鲜、俄罗斯东部。

【用途】全草入药，有活血调经、解毒消肿的功效；嫩叶可食或作猪饲料。

临时救　*Lysimachia congestiflora*
杜鹃花目(Ericales)报春花科(Primulaceae)珍珠菜属(*Lysimachia*)

临时救

【鉴别特征】草本。茎下部匍匐，上部及分枝上升，长 6～50cm。叶对生，叶片卵形、阔卵形至近圆形，近边缘有腺点。总状花序，花序下方的叶腋有时具单生花；花梗极短；花冠黄色；花药长圆形；花粉粒近长球形，表面具网状纹饰。蒴果球形。花期 5～6 月，果期 7～10 月。

【分布】我国长江以南各省份以及陕西、甘肃南部。在国外分布于不丹、印度东北部、缅甸、尼泊尔、泰国、越南。

【用途】全草入药，治风寒头痛、咽喉肿痛、肾炎水肿、肾结石、小儿疳积、毒蛇咬伤等。

五岭管茎过路黄 *Lysimachia fistulosa* var. *wulingensis*

杜鹃花目(Ericales)报春花科(Primulaceae)珍珠菜属(*Lysimachia*)

五岭管茎
过路黄

【鉴别特征】草本。高 20～35cm。茎明显四棱形。除叶面被稀疏小刚毛外，全体无毛。叶对生，叶片披针形。缩短的总状花序生于茎端和枝端，呈头状花序状；花冠黄色，裂片倒卵状长圆形，先端圆钝或具小尖头；花丝基部合生成高 4～5mm 的筒，分离部分长 3～5mm；花药卵状披针形，长 1.5～2mm；花柱长达 8.5mm，子房密被柔毛。蒴果球形，直径 3～3.5mm。花期 5～7 月，果期 7～10 月。

【分布】云南东北部、贵州、广西、湖南、江西南部和广东北部。

【用途】可入药，具清热解毒的功效。

浙江红山茶 *Camellia chekiangoleosa*

杜鹃花目(Ericales)山茶科(Theaceae)山茶属(*Camellia*)

浙江红山茶

【鉴别特征】小乔木。高 6m。叶革质，互生，无毛。花红色，顶生或腋生单花；苞片及萼片 14～16 枚宿存；花瓣 7 枚；雄蕊排成 3 轮，外轮花丝与花瓣合生，内轮花丝离生。蒴果卵球形，先端有短喙；果爿 3～5，木质；每室有种子 3～8 颗。花期 4 月，果期 8～9 月。

【分布】福建、江西、湖南、浙江。

【用途】重要的油茶和茶花育种种质资源，具有重要的观赏价值和经济价值。

山茶 *Camellia japonica*

杜鹃花目(Ericales)山茶科(Theaceae)山茶属(*Camellia*)

山茶

【鉴别特征】灌木或小乔木。高 9m。叶革质，椭圆形，边缘有细锯齿。花顶生，红色，无柄；苞片及萼片约 10 枚；花瓣 6～7 枚；雄蕊 3 轮，外轮花丝基部连生，内轮离生。蒴果圆球形，2～3室，每室有种子1～2颗。花期1～4月。

【分布】四川、台湾、山东、江西等地有野生种，国内各地广泛栽培，品种繁多。在国外分布于日本南部、朝鲜南部。

【用途】供观赏；花有止血功效；种子榨油，供工业用。

茶 *Camellia sinensis*
杜鹃花目(Ericales)山茶科(Theaceae)山茶属(*Camellia*)

【鉴别特征】灌木或小乔木。高5m。叶革质，边缘有锯齿，无毛。花1～3朵腋生，白色；苞片2枚，早落；萼片5枚；花瓣5～6枚；子房密生白毛；花柱无毛，先端3裂。蒴果3或1～2，球形，每球有种子1～2颗。花期10月至翌年2月，果期翌年10月。

【分布】野生种遍见于长江以南各省份的山区。在国外分布于印度东北部、日本南部、朝鲜南部、老挝、缅甸、泰国、越南。

【用途】茶叶可作饮品，含有多种有益成分，具有保健功效。

茶梨 *Anneslea fragrans*
杜鹃花目(Ericales)山茶科(Theaceae)茶梨属(*Anneslea*)

【鉴别特征】乔木，高约15m；有时为灌木状或小乔木。叶革质，通常聚生在嫩枝近顶端，呈假轮生状，全缘，稍反卷。花数朵至10余朵螺旋状聚生于枝端或叶腋；苞片2枚；萼片5枚，质厚，淡红色；花瓣5枚，基部连合；雄蕊30～40枚；子房半下位，无毛，2～3室，每室胚珠数枚。果实浆果状，革质，近于下位。种子每室1～3颗，具红色假种皮。花期1～3月，果期8～9月。

【分布】福建、江西、湖南、广东、广西、贵州等。在国外分布于柬埔寨、老挝、马来西亚、缅甸、泰国、越南。

【用途】观赏价值高的园林绿化树种；木材为建筑、家具用材；树皮、树叶可药用。

厚皮香 *Ternstroemia gymnanthera*

杜鹃花目(Ericales)五列木科(Pentaphylacaceae)厚皮香属(*Ternstroemia*)

【鉴别特征】灌木或小乔木。高1.5～10m。叶革质或薄革质，通常聚生于枝端，呈假轮生状。花两性或单性，通常生于当年生无叶的小枝上或生于叶腋；小苞片2枚；萼片5枚；花瓣5枚，淡黄白色；雄蕊约50枚；子房圆卵形，2室，每室胚珠2枚。果实圆球形。种子肾形，每室1颗，成熟时肉质假种皮红色。花期5～7月，果期8～10月。

【分布】安徽(休宁)、浙江、江西、福建、湖北等。在国外分布于不丹、柬埔寨、印度、老挝、缅甸、尼泊尔、泰国、越南。

【用途】木材可作车辆、家具、农具与工艺用材；叶片能吸收有毒气体，适宜用于街道、厂矿绿化和营造环境保护林。

厚叶厚皮香 *Ternstroemia kwangtungensis*

杜鹃花目(Ericales)五列木科(Pentaphylacaceae)厚皮香属(*Ternstroemia*)

【鉴别特征】灌木或小乔木。高2～10m。叶互生，厚革质且肥厚。花单朵生于叶腋，杂性；雄花小苞片2枚，边缘疏生腺状齿突；萼片5枚；花瓣5枚，白色；雄蕊多数。果实扁球形，通常3～4室，少有5室。种子近肾形，成熟时假种皮鲜红色。花期5～6月，果期10～11月。

【分布】江西、福建、广东、广西南部以及香港等。越南也有分布。

【用途】叶形、叶色颇具特色，树枝近轮生，层次分明，是理想的观叶、观形树种；也可以盆栽，修剪造型，置于室内观赏。

尖萼厚皮香 *Ternstroemia luteoflora*

杜鹃花目(Ericales)五列木科(Pentaphylacaceae)厚皮香属(*Ternstroemia*)

【鉴别特征】小乔木。高2～14m，最高可达25m。叶互生，革质，椭圆形或椭圆状倒披针形，全缘。花单性或杂性，通常单生于叶腋；小苞片 2 枚，宿存；萼片 5 枚；花瓣 5 枚，白色或淡黄白色；雄蕊 35~45 枚；子房圆球形，2 室，每室胚珠 2 枚。果圆球形，成熟时紫红色。种子每室 1~2 颗，成熟时红色。花期 5~6 月，果期 8~10 月。

【分布】江西、福建、湖北、湖南、广东、广西、贵州及云南等。

【用途】用于治疗疮毒肿痛、跌打伤肿、泄泻。

厚叶红淡比 *Cleyera pachyphylla*

杜鹃花目(Ericales)五列木科(Pentaphylacaceae)红淡比属(*Cleyera*)

【鉴别特征】灌木或小乔木。高 3~8m。叶互生，厚革质，边缘疏生细锯齿。花 1~3 朵腋生，苞片 2 枚，萼片 5 枚，花瓣 5 枚；雄蕊 25~27 枚；子房圆球形，2~3 室，每室胚珠 5~7 枚。果实圆球形，成熟时黑色。花期 6~7 月，果期 10~11 月。

【分布】浙江龙泉、江西、福建、湖南、广东及广西等。

【用途】树形优美(呈塔形)，分枝低，叶革质、具光泽，是优良的园林树种。

尖萼毛柃 *Eurya acutisepala*

杜鹃花目(Ericales)五列木科(Pentaphylacaceae)柃木属(*Eurya*)

【鉴别特征】灌木或小乔木。高 2~7m。叶薄革质，长圆形或倒披针状长圆形。花 2~3 朵腋生，雄花小苞片 2 枚，萼片 5 枚，花瓣 5 枚、白色，雄蕊约 15 枚。雌花较小，小苞片、萼片与雄花同，花瓣 5 枚；子房卵形，3 室。果实卵状椭圆形，成熟时紫黑色。花期 10~11 月，果期翌年 6~8 月。

【分布】浙江、江西、福建、广东、广西、贵州、湖南及云南等。

【用途】蜜源植物；枝叶可供药用，有清热、消肿的功效。

细枝柃 *Eurya loquaiana*

杜鹃花目(Ericales)五列木科(Pentaphylacaceae)柃木属(*Eurya*)

细枝柃

【鉴别特征】灌木或小乔木。高2～10m。叶薄革质，窄椭圆形或长圆状窄椭圆形。花1～4朵簇生于叶腋。雄花小苞片2枚，极小；萼片5枚；花瓣5枚，白色；雄蕊10～15枚。雌花小苞片和萼片与雄花同；花瓣5枚，白色；子房卵圆形，3室。果实圆球形，成熟时黑色。花期10～12月，果期翌年7～9月。

【分布】安徽、浙江、江西、福建、台湾、湖北、湖南、广东、海南、广西、四川、贵州及云南等。

【用途】可植为绿篱或于草地边缘种植，也可切枝供插花用；枝叶可入药；果实作染料。

单耳柃 *Eurya weissiae*

杜鹃花目(Ericales)五列木科(Pentaphylacaceae)柃木属(*Eurya*)

单耳柃

【鉴别特征】灌木。高1～3m。叶革质，长圆形或椭圆状长圆形。花1～3朵腋生，为一细小呈叶状的总苞所包裹，总苞卵形。雄花的小苞片2枚，椭圆形，被柔毛；萼片5枚，卵形；花瓣5枚，狭长圆形；雄蕊约10枚，退化子房无毛。雌花的小苞片和萼片与雄花同，但较小；花瓣5枚，长圆状披针形；子房卵圆形，3室。果实圆球形。花期9～11月，果期11月至翌年1月。

【分布】浙江南部、江西东部和南部、福建、广东中部至北部、广西北部、湖南南部及贵州南部等。

【用途】可用于园林造景。

光叶山矾 *Symplocos lancifolia*

杜鹃花目(Ericales)山矾科(Symplocaceae)山矾属(*Symplocos*)

光叶山矾

【鉴别特征】小乔木。高约3m。叶纸质或近膜质，卵形至阔披针形。穗状花序，苞片椭圆状卵形，花萼5裂，花冠淡黄色、5深裂几达基部，雄蕊约25枚，子房3室。核果近球形。花期3～11月，果期6～12月，边开花边结果。

【分布】浙江、台湾、福建、广东、广西、江西、湖南、湖北、四川、贵州、云南。在国外分布于印度、日本、菲律宾、越南。

【用途】叶可泡茶；根药用，治跌打。

铁山矾 *Symplocos pseudobarberina*
杜鹃花目(Ericales)山矾科(Symplocaceae)山矾属(*Symplocos*)

【鉴别特征】乔木。叶纸质，卵形或卵状椭圆形。总状花序，基部常分枝，苞片长卵形，花萼裂片卵形，花冠白色、5深裂几达基部，雄蕊30～40枚，子房3室。核果绿色或黄色，长圆状卵形，顶端宿萼裂片向内倾斜或直立。花期2～3月，果期6～7月。

铁山矾

【分布】云南、广西、湖南、福建、海南等。在国外分布于柬埔寨、越南。

【用途】花形如桂，清香宜人，盛花如雪，观赏性强。

老鼠矢 *Symplocos stellaris*
杜鹃花目(Ericales)山矾科(Symplocaceae)山矾属(*Symplocos*)

【鉴别特征】常绿乔木。高5～10m。叶厚革质，叶面有光泽，叶背粉褐色，披针状椭圆形。团伞花序着生于2年生枝的叶痕之上，苞片圆形，花萼裂片半圆形，花冠白色、5深裂几达基部，雄蕊18～25枚，子房3室。核果狭卵状圆柱形。花期4～5月，果期6月。

老鼠矢

【分布】长江以南各省份。日本也有分布。

【用途】木材可制作器具；种子油可制肥皂。

山矾 *Symplocos sumuntia*
杜鹃花目(Ericales)山矾科(Symplocaceae)山矾属(*Symplocos*)

【鉴别特征】乔木。高4～8m。嫩枝褐色。叶薄革质，卵形、狭倒卵形、倒披针状椭圆形。总状花序，苞片早落，阔卵形至倒卵形，小苞片与苞片同形；花萼萼筒倒圆锥

山矾

形，花冠白色，雄蕊 25～35 枚，子房 3 室。核果卵状坛形。花期2～3 月，果期 6～7 月。

【分布】江苏、浙江、福建、台湾、广东、广西、江西、湖南、湖北、四川、贵州、云南。在国外分布于不丹、印度、日本、朝鲜、马来西亚、缅甸、尼泊尔、泰国、越南。

【用途】根、叶、花均药用；叶可作媒染剂。

白檀 *Symplocos tanakana*
杜鹃花目(Ericales)山矾科(Symplocaceae)山矾属(*Symplocos*)

白檀

【鉴别特征】落叶灌木或小乔木。叶膜质或薄纸质，阔倒卵形、椭圆状倒卵形。圆锥花序，花萼萼筒褐色，花冠白色，雄蕊 40～60 枚，子房 2 室。核果熟时蓝色，卵状球形，稍偏斜，顶端宿萼裂片直立。花果期 5～7 月。

【分布】东北、华北、华中、华南、西南各地。

【用途】叶药用；根皮与叶作农药用。

黄牛奶树 *Symplocos theophrastifolia*
杜鹃花目(Ericales)山矾科(Symplocaceae)山矾属(*Symplocos*)

黄牛奶树

【鉴别特征】乔木。高约 10m。叶革质，倒卵状椭圆形或狭椭圆形。穗状花序，苞片和小苞片外面均被柔毛，边缘有腺点；花萼长约 2mm，花冠白，雄蕊约 30 枚，子房 3 室。核果球形，顶端宿萼裂片直立。花期 8～12 月，果期翌年 3～6 月。

【分布】西藏、云南、四川、贵州、湖南、广西、广东、福建、台湾、江苏、浙江等。印度、斯里兰卡也有分布。

【用途】木材作板料、木尺；种子油作滑润油或制肥皂；树皮药用，治感冒。

微毛山矾 *Symplocos wikstroemiifolia*
杜鹃花目(Ericales)山矾科(Symplocaceae)山矾属(*Symplocos*)

微毛山矾

【鉴别特征】灌木或乔木。叶纸质或薄革质，椭圆形。总状花序，花序轴、苞片和小苞片均被短柔毛，苞片长圆形或圆形，花萼裂片阔卵形或近圆形，花冠5深裂几达基部，雄蕊15～20枚。核果卵圆形，顶端宿萼裂片直立，熟时黑色或黑紫色。

【分布】云南、贵州、湖南、广西、广东、福建、台湾、浙江等。在国外分布于马来西亚、越南。

【用途】种子油可制肥皂；木材作建筑板料。

赤杨叶　*Alniphyllum fortunei*

杜鹃花目(Ericales)安息香科(Styracaceae)赤杨叶属(*Alniphyllum*)

【鉴别特征】乔木。高15～20m。叶嫩时膜质，干后纸质，椭圆形、宽椭圆形。总状花序或圆锥花序，顶生或腋生；花白色或粉红色；小苞片钻形，早落；花萼杯状；花冠裂片长椭圆形；雄蕊10枚。果实长圆形或长椭圆形，成熟时5瓣开裂。种子多数，两端有不等大的膜质翅。花期4～7月，果期8～10月。

【分布】安徽、江苏、浙江、湖南、湖北、江西、福建、台湾、广东、广西、贵州、四川和云南等。在国外分布于印度、老挝、缅甸、越南。

【用途】为美观轻工木材，可用于雕刻图章；也为轻巧的上等家具用材；还是一种放养白木耳的优良树种。

银钟花　*Halesia macgregorii*

杜鹃花目(Ericales)安息香科(Styracaceae)银钟花属(*Halesia*)

【鉴别特征】乔木。高达24m。叶纸质，椭圆形或卵状椭圆形。花白色，常下垂，2～7朵丛生于上一年小枝的叶腋，先叶开放或与叶同时开放，花冠4深裂，雄蕊8枚。核果长椭圆形或椭圆形，成熟后干燥，呈褐红色，顶端常有宿存的萼齿。花期4月，果期7～10月。

【分布】广东、广西、福建、江西、湖南、贵州和浙江。

【用途】树干通直，边材淡黄色，纹理致密，可制造各种家具或农具。

小叶白辛树 *Pterostyrax corymbosus*

杜鹃花目(Ericales)安息香科(Styracaceae)白辛树属(*Pterostyrax*)

小叶白辛树

【鉴别特征】乔木。高达 15m。叶纸质，倒卵形、宽倒卵形或椭圆形。圆锥花序伞房状，花白色，花梗极短，小苞片线形；花萼钟状，5 脉，顶端 5 齿，萼齿披针形；花冠裂片长圆形；雄蕊 10 枚，5 长 5 短。果实倒卵形，5 翅，密被星状茸毛。花期 3～4 月，果期 5～9 月。

【分布】江苏、浙江、江西、湖南、福建、广东。日本也有分布。

【用途】可作一般器具用材；生长迅速，也可作为低湿河流两岸造林树种。

白花龙 *Styrax faberi*

杜鹃花目(Ericales)安息香科(Styracaceae)安息香属(*Styrax*)

白花龙

【鉴别特征】灌木。高 1～2m。叶互生，纸质，椭圆形、倒卵形或长圆状披针形。总状花序顶生，有花 3～5 朵，下部常单花腋生；花白色，小苞片钻形；花萼杯状，膜质，萼齿 5；花冠裂片膜质，披针形或长圆形。果实倒卵形或近球形，外面密被灰色星状短柔毛。花期 4～6 月，果期 8～10 月。

【分布】湖北、江西、福建等。

【用途】适宜庭院栽种，用于点缀；种子油可以用来制肥皂和作润滑油；根可治胃脘痛；叶可用于止血、生肌、消肿。

野茉莉 *Styrax japonicus*

杜鹃花目(Ericales)安息香科(Styracaceae)安息香属(*Styrax*)

野茉莉

【鉴别特征】灌木或小乔木。高 4～8m。叶互生，纸质或近革质，长圆状椭圆形至卵状椭圆形。总状花序顶生，有花 5～8 朵，有时下部的花生于叶腋；花白色，花萼漏斗状，花冠裂片卵形、倒卵形或椭圆形。果实卵形。种子褐色，有深皱纹。花期 4～7 月，果期 9～11 月。

【分布】本种为本属在我国分布最广的一种，北自秦岭和黄河以南，东起山东、福建，西至云南东北部和四川东部，南至广东和广西北部。在国外分布于日本、朝鲜。

【用途】木材可作器具、雕刻等细工用材；种子油可制肥皂或作机器润滑油，油粕可作肥料；花美丽、芳香，可供庭园观赏。

异色猕猴桃 *Actinidia callosa* var. *discolor*
杜鹃花目(Ericales)猕猴桃科(Actinidiaceae)猕猴桃属(*Actinidia*)

【鉴别特征】大型落叶藤本。高 3～5m。小枝坚硬，干后灰黄色，洁净无毛。叶坚纸质，干后腹面褐黑色，椭圆形、矩状椭圆形至倒卵形，顶端急尖，基部阔楔形或钝形，边缘有锯齿，两面洁净无毛；叶柄长度中等，无毛。花序和萼片两面均无毛。果较小，卵珠形或近球形，长 1.5～2cm。花期 5～6 月，果期 8～10 月。

【分布】浙江、台湾、江西、湖南、四川、云南、广东等长江以南各省份。

【用途】果实含有优良的膳食纤维和丰富的抗氧化物质，能够起到清热降火、润燥通便的作用，可以有效地预防和治疗便秘、痔疮。

中华猕猴桃 *Actinidia chinensis*
杜鹃花目(Ericales)猕猴桃科(Actinidiaceae)猕猴桃属(*Actinidia*)

【鉴别特征】大型落叶藤本。高 3～5m。叶纸质，倒阔卵形至倒卵形或阔卵形至近圆形。聚伞花序，1～3 花；花初放时白色，后变淡黄色，有香气；萼片 3～7 枚，通常 5 枚；花瓣 5 枚；雄蕊极多；子房球形。果黄褐色，近球形、圆柱形、倒卵形或椭圆形，成熟时秃净或不秃净，具小而多的淡褐色斑点，宿存萼片反折。种子纵径 2.5mm。花期 5～6 月，果期 8～10 月。

【分布】陕西南端、湖北、湖南、河南、安徽、江苏、浙江、江西、福建、广东北部和广西北部等。

【用途】本种果实是本属中最大的一种，经济价值也是本属中最大的一种。

毛花猕猴桃 *Actinidia eriantha*
杜鹃花目(Ericales)猕猴桃科(Actinidiaceae)猕猴桃属(*Actinidia*)

【鉴别特征】大型落叶藤本。高3～5m。叶软纸质，卵形至阔卵形。聚伞花序简单，1～3花；苞片钻形；萼片2～3枚，淡绿色；花瓣顶端和边缘橙黄色，中央和基部桃红色，倒卵形；雄蕊极多，可达240枚，花丝纤细、浅红色。果柱状卵珠形。花期5月上旬至6月上旬，果熟期11月。

【分布】浙江、福建、江西、湖南、贵州、广西、广东等。

【用途】果实含有丰富的矿物质，包括丰富的钙、磷、铁，还含有胡萝卜素和多种维生素，对保持人体健康具有重要的作用。

灯笼树 *Enkianthus chinensis*
杜鹃花目(Ericales)杜鹃花科(Ericaceae)吊钟花属(*Enkianthus*)

【鉴别特征】落叶灌木或小乔木。高3～6m。叶常聚生枝顶，纸质，长圆形至长圆状椭圆形。花多数组成伞形总状花序，花萼5裂，花冠阔钟形、肉红色，雄蕊10枚，子房球形。蒴果卵圆形，室背开裂为5果瓣。花期5月，果期6～10月。

【分布】安徽、浙江、江西、福建、湖北、湖南、广西、四川、贵州、云南。

【用途】不仅花、果美丽，而且叶子入秋后变为浓红，因此是极有前途的园林观赏树木。

吊钟花 *Enkianthus quinqueflorus*
杜鹃花目(Ericales)杜鹃花科(Ericaceae)吊钟花属(*Enkianthus*)

【鉴别特征】灌木或小乔木。高1～3m。叶常密集于枝顶，互生，革质，两面无毛，长圆形或倒卵状长圆形。花通常3～8朵组成伞房花序，膜质；花萼5裂；花冠宽钟状，粉红色或红色；雄蕊10枚，白色；子房卵圆形。蒴果椭圆形，淡黄色。花期 3～5 月，果期 5～7 月。

【分布】江西、福建、湖北、湖南、广东、广西、四川、贵州、云南。越南也有分布。

【用途】为美丽的观赏花卉，在广州花市享有盛誉。

齿缘吊钟花 *Enkianthus serrulatus*

杜鹃花目(Ericales)杜鹃花科(Ericaceae)吊钟花属(*Enkianthus*)

【鉴别特征】落叶灌木或小乔木。高 2.6～6m。叶密集于枝顶，厚纸质，长卵形。伞形花序顶生，每花序 齿缘吊钟花 上有花 2～6 朵；花萼绿色，萼片 5 枚；花冠钟形，白绿色；雄蕊 10 枚，花丝白色；子房圆柱形，5 室，每室有胚珠 10～15 枚。蒴果椭圆形，5 裂。花期 4 月，果期 5～7 月。

【分布】浙江、江西、福建、湖北、湖南、广东、广西、四川、贵州、云南。

【用途】祛风除湿，活血。

小果珍珠花 *Lyonia ovalifolia* var. *elliptica*

杜鹃花目(Ericales)杜鹃花科(Ericaceae)珍珠花属(*Lyonia*)

【鉴别特征】乔木。高 8～16m。与原变种不同之处在于叶较薄，纸质，卵形，先端渐尖或急尖。果序长 小果珍珠花 12～14cm。果实较小，直径约 3mm。花期 5～6 月，果期 7～9 月。

【分布】陕西南部、江苏、江西、福建、四川、贵州、云南等。日本也有分布。

【用途】补脾益肾、祛风解毒、强壮滋补、活血强筋，用于脾虚腹泻、跌打损伤、腰脚无力、全身酸麻。

毛果珍珠花 *Lyonia ovalifolia* var. *hebecarpa*

杜鹃花目(Ericales)杜鹃花科(Ericaceae)珍珠花属(*Lyonia*)

【鉴别特征】乔木。高 8～16m。与原变种不同之处在于蒴果近于球形，密被柔毛。叶卵形、倒卵形或椭圆 毛果珍珠花形，长 5～12cm，宽 3～6cm。花期 5～6 月，果期 7～9 月。

【分布】江苏、安徽、浙江、广东、广西、四川、云南西北部等。

【用途】根、叶性甘、酸、平，根活血，叶健脾、止泻。

水晶兰 *Monotropa uniflora*

杜鹃花目(Ericales)杜鹃花科(Ericaceae)水晶兰属(*Monotropa*)

水晶兰

【鉴别特征】多年生腐生草本。高 10～30cm。茎直立，不分枝。全株无叶绿素，白色，肉质，干后变黑褐色。叶鳞片状，直立，互生，长圆形、狭长圆形或宽披针形。花单一，顶生；花冠筒状钟形；苞片鳞片状，与叶同形；萼片鳞片状，早落；花瓣 5～6 枚，离生；雄蕊 10～12 枚；子房中轴胎座，5 室。蒴果椭圆状球形。花期 8～9 月，果期(9)10～11 月。

【分布】山西、陕西、甘肃、青海、浙江、安徽、台湾、湖北、江西、云南、四川、贵州、西藏等。在国外分布于孟加拉国、不丹、印度、日本、朝鲜、缅甸、尼泊尔及南美洲北部。

【用途】是一味可医治体虚久咳的民间良药。

马醉木 *Pieris japonica*

杜鹃花目(Ericales)杜鹃花科(Ericaceae)马醉木属(*Pieris*)

马醉木

【鉴别特征】灌木或小乔木。高约 4m。叶革质，密集枝顶，椭圆状披针形。总状花序或圆锥花序，顶生或腋生；萼片三角状卵形；花冠白色，坛状；雄蕊 10 枚；子房近球形，无毛。蒴果近于扁球形，无毛。花期 4～5 月，果期 7～9 月。

【分布】安徽、浙江、福建、台湾等。日本也有分布。

【用途】叶有毒，可作杀虫剂。

云锦杜鹃 *Rhododendron fortunei*

杜鹃花目(Ericales)杜鹃花科(Ericaceae)杜鹃属(*Rhododendron*)

【鉴别特征】常绿灌木或小乔木。高 3～12m。叶厚　云锦杜鹃

革质，长圆形至长圆状椭圆形。顶生总状伞形花序疏松，有花 6～12 朵，有香味；花萼小，边缘有浅裂片 7 枚，具腺体；花冠粉红色；雄蕊 14 枚；子房圆锥形，10 室。蒴果长圆状卵形至长圆状椭圆形。花期 4～5 月，果期 8～10 月。

【分布】陕西、浙江、江西、福建、广东、广西、四川、贵州及云南东北部。

【用途】枝繁叶茂，萌发力强，耐修剪，根桩奇特，是优良的盆景材料。

井冈山杜鹃 *Rhododendron jingangshanicum*
杜鹃花目(Ericales)杜鹃花科(Ericaceae)杜鹃属(*Rhododendron*)

【鉴别特征】灌木。高 2～4(5)m。叶革质，倒长披针形至长圆形。总状伞形花序，有花 7～8 朵；花萼歪斜，裂片 5 枚；花冠紫色，裂片 5 枚；雄蕊 16 枚，不等长。未成熟的蒴果长圆柱形，通常于中部稍弯曲。花期 9 月。

【分布】江西西南部等。

【用途】枝繁叶茂，萌发力强，耐修剪，根桩奇特，是优良的盆景材料。

江西杜鹃 *Rhododendron kiangsiense*
杜鹃花目(Ericales)杜鹃花科(Ericaceae)杜鹃属(*Rhododendron*)

【鉴别特征】灌木。高约 1m。叶片革质，长圆状椭圆形。花序顶生，伞形，有花 2 朵；花萼 5 裂；花冠宽漏斗形，白色，外面被鳞片，5 裂，裂片圆形；雄蕊 8 枚，花丝线形，下部 1/3 被白色短柔毛；子房密被鳞片，基部被鳞片，柱头大。蒴果未见。花期 4～5 月，果期 6～8 月。

【分布】江西等。

【用途】园林中最宜在林缘、溪边、池畔及岩石旁成丛或成片栽植，也可于疏林下散植，还是花篱的良好材料，经修剪可培育成各种形态。

鹿角杜鹃 *Rhododendron latoucheae*

杜鹃花目(Ericales)杜鹃花科(Ericaceae)杜鹃属(*Rhododendron*)

鹿角杜鹃

【鉴别特征】常绿灌木或小乔木。高2~3(5)m。叶集生于枝顶，近于轮生，革质，卵状椭圆形或长圆状披针形。花单生于枝顶叶腋，枝端具花1~4朵；花萼不明显；花冠白色或带粉红色，5深裂；雄蕊10枚，不等长。蒴果圆柱形，花柱宿存。花期3~4月，稀5~6月，果期7~10月。

【分布】浙江、江西、福建、湖北、湖南、广东、广西、四川和贵州。日本也有分布。

【用途】花朵绽放时给人热闹的感觉；非花季叶片深绿色，可栽种在庭园中作为矮墙或屏障。

满山红 *Rhododendron mariesii*

杜鹃花目(Ericales)杜鹃花科(Ericaceae)杜鹃属(*Rhododendron*)

满山红

【鉴别特征】落叶灌木。高1~4m。叶厚纸质或近于革质，常2~3片集生于枝顶，椭圆形。花通常2朵顶生，先花后叶，出于同一顶生花芽；花萼环状，5浅裂；花冠漏斗形，淡紫红色或紫红色；雄蕊8~10枚，不等长；子房卵球形。蒴果椭圆状卵球形。花期4~5月，果期6~11月。

【分布】河北、陕西、江苏、安徽、浙江、江西、福建、台湾、河南、湖北、湖南、广东、广西、四川和贵州。

【用途】花篱的良好材料，经修剪可培育成各种形态。

羊踯躅 *Rhododendron molle*

杜鹃花目(Ericales)杜鹃花科(Ericaceae)杜鹃属(*Rhododendron*)

羊踯躅

【鉴别特征】落叶灌木。高0.5~2m。叶纸质，长圆形至长圆状披针形。总状伞形花序顶生，花多达13朵，先花后叶或花叶同放；花萼裂片小；花冠阔漏斗形，黄色或金黄色，内有深红色斑点，裂片5枚；雄蕊5枚，不等长。蒴果圆锥状长圆形。花期 3～5 月，果期 7～8 月。

【分布】江苏、安徽、浙江、江西、湖北、湖南、广东、广西、四川、贵州和云南。

【用途】本种为著名的有毒植物之一。可治疗风湿性关节炎、跌打损伤，近年来在医药工业上用作麻醉剂、镇痛药；全株还可作农药。

马银花　*Rhododendron ovatum*
杜鹃花目(Ericales)杜鹃花科(Ericaceae)杜鹃属(*Rhododendron*)

【鉴别特征】常绿灌木。高 2～4(6) m。叶革质，卵形或椭圆状卵形。花单生于枝顶叶腋；花萼 5 深裂；花冠淡紫色、紫色或粉红色，辐状，5 深裂；雄蕊 5 枚，不等长。蒴果阔卵球形，密被灰褐色短柔毛和疏腺体，且为增大而宿存的花萼所包围。花期 4～5 月，果期 7～10 月。

【分布】江苏、安徽、浙江、江西、福建、台湾、湖北、湖南、广东、广西、四川和贵州。

【用途】本种在广西作药用，用根与水、酒、肉同煎，加白糖冲服，可治白带下黄浊水。

杜鹃花　*Rhododendron simsii*
杜鹃花目(Ericales)杜鹃花科(Ericaceae)杜鹃属(*Rhododendron*)

【鉴别特征】落叶灌木。高 2(～5) m。叶革质，常集生于枝端，椭圆状卵形或倒卵形。花 2～3(6) 朵簇生于枝顶；花萼 5 深裂；花冠阔漏斗形，玫瑰色、鲜红色或暗红色，裂片 5 枚；雄蕊 10 枚；子房卵球形，10 室。蒴果卵球形，密被糙伏毛，花萼宿存。花期 4～5 月，果期 6～8 月。

【分布】江苏、安徽、浙江、江西、福建、湖南、广东、广西、四川、贵州和云南。在国外分布于日本、老挝、缅甸、泰国。

【用途】全株供药用，有行气活血、补虚之效，可用于治肾虚耳聋、月经不调、风湿等疾病。

长蕊杜鹃 *Rhododendron stamineum*
杜鹃花目(Ericales)杜鹃花科(Ericaceae)杜鹃属(*Rhododendron*)

【鉴别特征】常绿灌木或小乔木。高 3～7m。叶常轮生于枝顶，革质，椭圆形或长圆状披针形。花芽圆锥状，鳞片卵形，覆瓦状排列；花常 3～5 朵簇生于枝顶叶腋；花萼小，微 5 裂；花冠白色，有时蔷薇色，5 深裂；雄蕊 10 枚。蒴果圆柱形。花期 4～5 月，果期 7～10 月。

【分布】安徽、浙江、江西、湖北、湖南、广东、广西、陕西、四川、贵州和云南。

【用途】枝繁叶茂，萌发力强，耐修剪，根桩奇特，是优良的盆景材料。

背绒杜鹃 *Rhododendron tsoi* var. *hypoblematosum*
杜鹃花目(Ericales)杜鹃花科(Ericaceae)杜鹃属(*Rhododendron*)

【鉴别特征】灌木。高 1～2m。叶革质，散生，卵形或椭圆状卵形。伞形花序，顶生，具花 3～4 朵；花萼小，杯状，裂片 5 枚；花冠浅紫色，裂片 5 枚；雄蕊 5 枚，不等长；子房卵球形。蒴果卵球形，密被深褐色糙伏毛，增大的萼片和花梗宿存。花期 5～6 月，果期 9～10 月。

【分布】江西西南部等地。

【用途】花美丽，具有观赏价值。

南烛 *Vaccinium bracteatum*
杜鹃花目(Ericales)杜鹃花科(Ericaceae)越橘属(*Vaccinium*)

【鉴别特征】常绿灌木或小乔木。高 2～6(9)m。叶片薄革质，椭圆形、披针状椭圆形至披针形。总状花序顶生和腋生；苞片叶状，披针形；花冠白色，筒状，有时略呈坛状；雄蕊内藏。浆果，熟时紫黑色，外面通常被短柔毛，稀无毛。花期 6～7 月，果期 8～10 月。

【分布】华东、华中、华南至西南。在国外分布于朝鲜、日本（南部）、中南半岛、马来半岛、印度尼西亚。

【用途】果实成熟后酸甜可食；果实入药，有强筋益气、固精之效；江西民间草医用叶捣烂治刀斧砍伤。

短尾越橘 *Vaccinium carlesii*
杜鹃花目(Ericales)杜鹃花科(Ericaceae)越橘属(*Vaccinium*)

【鉴别特征】常绿灌木或乔木。高1～3(6)m。叶片革质，卵状披针形或长卵状披针形。总状花序腋生和顶生；花冠白色，宽钟状，5裂几达中部；雄蕊内藏。浆果球形，熟时紫黑色，外面无毛，常被白粉。花期5～6月，果期8～10月。

短尾越橘

【分布】安徽、浙江、江西、福建、湖南、广东、广西、贵州等。

【用途】在国外已广泛作为重要的经济作物，果实除直接食用外，尚有罐装品和冷冻品交易，还广泛用于酿酒和制作果酱等。

江南越橘 *Vaccinium mandarinorum*
杜鹃花目(Ericales)杜鹃花科(Ericaceae)越橘属(*Vaccinium*)

【鉴别特征】常绿灌木或小乔木。高1～4m。叶片厚革质，卵形或长圆状披针形。总状花序腋生；花冠白色，有时带淡红色，微香；雄蕊内藏，药室背部有短距；花柱内藏或微伸出花冠。浆果，熟时紫黑色，无毛。花期4～6月，果期6～10月。

江南越橘

【分布】江苏、安徽、浙江、江西、福建、湖北、湖南、广东、广西、四川、贵州、云南等。

【用途】果实富含色素（主要是花青素类），其作为天然色素有较高的经济价值，在日本已作为果汁色素应用。

滇白珠 *Gaultheria leucocarpa* var. *yunnanensis*
杜鹃花目(Ericales)杜鹃花科(Ericaceae)白珠属(*Gaultheria*)

【鉴别特征】常绿灌木。高1～3m。叶卵状长圆形，稀卵形、长卵形，革质，有香味，无毛。总状花序腋

滇白珠

生；花萼裂片 5 枚，卵状三角形，钝头，具缘毛；花冠白绿色，钟形；雄蕊 10 枚，着生于花冠基部；子房球形，被毛；花柱无毛，短于花冠。浆果状蒴果球形。种子多数。花期 5～6 月，果期 7～11 月。

【分布】我国长江流域及其以南各省份。在国外分布于柬埔寨、老挝、泰国、越南。

【用途】枝、叶含芳香油 0.5％～0.8％，为提取芳香油（主要成分为水杨酸甲酯）的良好原料；全株入药，治风湿性关节炎。

杜仲 *Eucommia ulmoides*
丝缨花目(Garryales)杜仲科(Eucommiaceae)杜仲属(*Eucommia*)

杜仲

【鉴别特征】落叶乔木。高达 20m。叶椭圆形、卵形或矩圆形，薄革质。花生于当年生枝基部；雄花无花被；雌花单生，苞片倒卵形，子房柄极短。翅果扁平，长椭圆形，基部楔形，周围具薄翅；坚果位于中央，稍凸起。早春开花，秋后果实成熟。

【分布】陕西、甘肃、河南、湖北、四川、云南、贵州、湖南及浙江等。

【用途】树皮药用，可强筋骨、降血压，并能治腰膝痛、风湿及习惯性流产等；树皮分泌的硬橡胶作工业原料及绝缘材料；木材作建筑及家具用材。

短刺虎刺 *Damnacanthus giganteus*
龙胆目(Gentianales)茜草科(Rubiaceae)虎刺属(*Damnacanthus*)

短刺虎刺

【鉴别特征】具短刺灌木，罕小乔木。高 0.5～2m。叶革质，披针形或长圆状披针形。花两两成对，腋生于短总梗上，通常仅 1 对，有时 2～4 对；花萼钟状；花冠白色，革质，管状漏斗形；雄蕊 4 枚；子房 4 室。核果红色，近球形。花期 3～5 月，果熟期 11 月至翌年 1 月。

【分布】安徽、浙江、江西、福建、湖南、广东、广西、贵州、云南等。日本也有分布。

【用途】其肉质链珠状根在民间作补益药用，有补气血、收敛止血等功效。

虎刺 *Damnacanthus indicus*

龙胆目(Gentianales)茜草科(Rubiaceae)虎刺属(*Damnacanthus*)

【鉴别特征】具刺灌木。高 0.3～1m。具肉质链珠状根。叶常大小叶对相间，全缘。花两性，1～2 朵生于叶腋，有时在顶部叶腋可 6 朵排成具短总梗的聚伞花序；花萼钟状，裂片 4 枚；花冠白色，管状漏斗形；雄蕊 4 枚；子房 4 室，每室具胚珠 1 枚。核果红色，近球形。花期 3～5 月，果熟期冬季至翌年春季。

【分布】西藏、云南、贵州、四川、广西、广东、湖南、湖北、江苏、安徽、浙江、江西、福建、台湾等。印度北部和日本也有分布。

【用途】本种常被引种于庭园供观赏；肉质根药用，有祛风利湿、活血止痛之功效。

柳叶虎刺 *Damnacanthus labordei*

龙胆目(Gentianales)茜草科(Rubiaceae)虎刺属(*Damnacanthus*)

【鉴别特征】无刺小灌木。高 0.4～2m。根肉质，链珠状。叶薄纸质，干时淡黑色，披针形至披针状线形。花 1～2 对生于叶腋的短总梗上，有时 1 朵或 3 朵；花萼钟状，具裂齿(3～)4；花冠管状漏斗形，革质，白色；雄蕊 4 枚；子房 4 室，每室有胚珠 1 枚。核果红色，近球形。花期 2～3 月，果熟期 9～12 月。

【分布】湖南、广东、广西、四川、贵州、云南等。越南有分布。

【用途】具有一定观赏价值。

栀子 *Gardenia jasminoides*
龙胆目(Gentianales)茜草科(Rubiaceae)栀子属(*Gardenia*)

栀子

【鉴别特征】灌木。高 0.3~3m。叶对生，革质，稀为纸质，叶形多样。花芳香，通常单朵生于枝顶；花冠白色或乳黄色，高脚碟状；花丝极短，花药线形。果卵形、近球形、椭圆形或长圆形，黄色或橙红色。种子多数。花期 3~7 月，果期 5 月至翌年 2 月。

【分布】山东、江苏、安徽、浙江、江西、福建、台湾等。在国外分布于不丹、柬埔寨、印度、日本、朝鲜、老挝、尼泊尔、巴基斯坦、泰国、越南。

【用途】花大而美丽、芳香，作盆景植物或广植于庭园供观赏；干燥成熟果实是常用中药。

蔓虎刺 *Mitchella undulata*
龙胆目(Gentianales)茜草科(Rubiaceae)蔓虎刺属(*Mitchella*)

蔓虎刺

【鉴别特征】匍匐草本。茎纤细，无毛或近无毛。叶对生，有大小二型之分，大型叶三角状卵形或卵形，小型叶卵形至正圆形。花单生于聚伞分枝丫杈处叶腋；萼半球形；花冠漏斗状，白色。果近球形，熟时红色。花期秋季，果期冬季。

【分布】台湾北部等。在国外分布于日本、韩国。

【用途】具有一定观赏价值，可作为盆栽花卉、园林植物。

日本粗叶木 *Lasianthus japonicus*
龙胆目(Gentianales)茜草科(Rubiaceae)粗叶木属(*Lasianthus*)

日本粗叶木

【鉴别特征】灌木。枝和小枝无毛或嫩部被柔毛。叶近革质或纸质，长圆形或披针状长圆形。花无梗，常 2~3 朵簇生在腋生、很短的总梗上，有时无总梗；萼钟状；花冠白色，管状漏斗形，裂片 5 枚、近卵形。核果球形，径约 5mm，内含 5 个分核。花期 5~8 月，果期 9~10 月。

【分布】安徽、浙江、江西、福建、台湾、湖北、湖南、广东、广西、四川和贵州。在国外分布于印度东北部、日本南部、老挝、越南北部。

【用途】具有一定观赏价值，可作园林树种。

榄绿粗叶木 *Lasianthus japonicus* var. *lancilimbus*

龙胆目(Gentianales)茜草科(Rubiaceae)粗叶木属(*Lasianthus*)

【鉴别特征】与原变种的区别是叶下面中脉上无毛，叶片披针形。花期5～8月，果期9～10月。

榄绿粗叶木

【分布】我国特有树种。江苏、安徽、浙江、江西、福建、湖北、湖南、广东、广西、四川、贵州和云南。

【用途】可用于治疗瘀热与湿相搏所致的发热、目黄、皮肤黄、小便黄等黄疸病。

玉叶金花 *Mussaenda pubescens*

龙胆目(Gentianales)茜草科(Rubiaceae)玉叶金花属(*Mussaenda*)

【鉴别特征】攀缘灌木。嫩枝被贴伏短柔毛。叶对生或轮生，膜质或薄纸质，卵状长圆形或卵状披针形。聚伞花序顶生，密花；花萼管陀螺形；萼裂片中有1枚极发达，呈花瓣状，阔椭圆形；花冠黄色；花柱短，内藏。浆果近球形，疏被柔毛，顶部有萼檐脱落后形成的环状疤痕，干时黑色。花期6～7月。

玉叶金花

【分布】广东、香港、海南、广西、福建、湖南、江西、浙江和台湾。越南也有分布。

【用途】茎叶味甘、性凉，有清凉消暑、清热疏风的功效，供药用或晒干代茶叶饮用。

日本蛇根草 *Ophiorrhiza japonica*

龙胆目(Gentianales)茜草科(Rubiaceae)蛇根草属(*Ophiorrhiza*)

【鉴别特征】多年生草本。高20～40cm或过之。叶片纸质，卵形、椭圆状卵形或披针形。花序顶生，有花

日本蛇根草

多朵。花二型，花柱异长。长柱花花萼近无毛或被短柔毛，萼管近陀螺状、有5棱，裂片三角形或近披针形；花冠白色或粉红色，近漏斗形；雄蕊5枚；花柱长9~11mm，被疏柔毛，柱头2裂。短柱花花萼和花冠同长柱花，花柱长约3mm。蒴果近僧帽状。花期冬、春，果期春、夏。

【分布】陕西、四川、湖北、湖南、安徽、江西、浙江、福建、台湾、贵州、云南、广西和广东。在国外分布于日本、越南。

【用途】具活血散瘀、祛痰、调经、止血等功效，用于治疗支气管炎、劳伤咳嗽、月经不调、跌打损伤、风湿筋骨疼痛、肺结核咯血、扭伤、脱臼。

多花茜草 *Rubia wallichiana*

龙胆目(Gentianales)茜草科(Rubiaceae)茜草属(*Rubia*)

【鉴别特征】草质攀缘藤本。叶4片或6片轮生，极薄纸质至近膜质，披针形。花序腋生和顶生，由多数
多花茜草
小聚伞花序排成圆锥花序式；萼管近球形，浅2裂，干时黑色；花冠紫红色、绿黄色或白色，辐状，冠管很短，裂片披针形。浆果球形，单生或孪生，黑色。花期8~10月，果期8~12月。

【分布】江西、湖南、广东、香港、海南、广西、四川和云南。在国外分布于不丹、印度东北部、尼泊尔。

【用途】可用于吐血、崩漏下血、衄血、外伤出血、经闭瘀阻、关节痹痛、跌打肿痛。

钩藤 *Uncaria rhynchophylla*

龙胆目(Gentianales)茜草科(Rubiaceae)钩藤属(*Uncaria*)

【鉴别特征】藤本。嫩枝较纤细，方柱形或略有4棱角，无毛。叶纸质，椭圆形或椭圆状长圆形。头状花
钩藤
序直径5~8mm(不计花冠)，单生于叶腋，或单聚伞状排列；总花梗腋生；花萼管疏被毛；花冠管外面无毛，或具疏散的毛。蒴果小，被短柔毛。花果期5~12月。

【分布】广东、广西、云南、贵州、福建、湖南、湖北及江西。日本也有分布。

【用途】用于风热头痛、感冒夹惊、惊痛抽搐等症，所含钩藤碱有降血压作用。

狗骨柴　*Diplospora dubia*

龙胆目(Gentianales)茜草科(Rubiaceae)狗骨柴属(*Diplospora*)

狗骨柴

【鉴别特征】灌木或乔木。高1～12m。叶革质，少为厚纸质，卵状长圆形、长圆形、椭圆形或披针形。花腋生，密集成束或组成具总花梗、稠密的聚伞花序，花冠白色或黄色，雄蕊4枚。浆果近球形，成熟时红色，顶部有萼檐残迹。花期4～8月，果期5月至翌年2月。

【分布】江苏、安徽、浙江、江西、福建、台湾、湖南、广东等。在国外分布于日本、越南。

【用途】可作器具及雕刻细工用材；在江西井冈山地区居民用其根治黄疸病。

獐牙菜　*Swertia bimaculata*

龙胆目(Gentianales)龙胆科(Gentianaceae)獐牙菜属(*Swertia*)

獐牙菜

【鉴别特征】一年生草本。高0.3～1.4(2)m。基生叶在花期枯萎；茎生叶无柄或具短柄，叶片椭圆形至卵状披针形。大型圆锥状复聚伞花序疏松、开展，多花；花5数；花萼绿色；花冠黄色；子房无柄，披针形；花柱短。蒴果无柄，狭卵形。花果期6～11月。

【分布】西藏、云南、贵州、四川、甘肃、湖北、湖南、江西、安徽、江苏等。在国外分布于不丹、印度、日本、马来西亚、缅甸、尼泊尔、越南。

【用途】主治消化不良、急性骨髓炎、急性黄疸型肝炎、菌痢、结膜炎、咽喉炎、烫伤、风火牙痛、热淋、胆囊炎。

双蝴蝶 *Tripterospermum chinense*

龙胆目(Gentianales)龙胆科(Gentianaceae)双蝴蝶属(*Tripterospermum*)

【鉴别特征】多年生缠绕草本。茎绿色或紫红色。基生叶通常 2 对，着生于茎基部，紧贴地面，密集呈双蝴蝶状；茎生叶通常卵状披针形，叶脉 3 条，全缘。具多花，2～4 朵成聚伞花序，少单花、腋生；花萼钟形；花冠蓝紫色或淡紫色，褶色较淡或呈乳白色；雄蕊着生于冠筒下部，不整齐。蒴果内藏或先端外露，淡褐色，椭圆形，花柱宿存。花果期 10～12 月。

【分布】江苏、浙江、安徽、江西、福建、广西等。

【用途】有清热解毒、止咳、止血的功效。

牛皮消 *Cynanchum auriculatum*

龙胆目(Gentianales)夹竹桃科(Apocynaceae)鹅绒藤属(*Cynanchum*)

【鉴别特征】蔓性半灌木。宿根肥厚，呈块状。叶对生，膜质，被微毛，宽卵形至卵状长圆形。聚伞花序伞房状，着花 30 朵；花萼裂片卵状长圆形；花冠白色，辐状；花粉块每室 1 个，下垂；柱头圆锥状，顶端 2 裂。蓇葖果双生，披针形。花期 6～9 月，果期 7～11 月。

【分布】山东、河北、河南、陕西、甘肃、西藏、安徽、江苏、浙江、福建、台湾、江西、广东、四川、云南等。在国外分布于不丹、印度、尼泊尔、巴基斯坦。

【用途】块根药用，养阴清热、润肺止咳，可治神经衰弱、胃及十二指肠溃疡、肾炎、水肿等。

地梢瓜 *Cynanchum thesioides*

龙胆目(Gentianales)夹竹桃科(Apocynaceae)鹅绒藤属(*Cynanchum*)

【鉴别特征】直立半灌木。地下茎单轴横生，茎自基部多分枝。叶对生或近对生，线形。伞形聚伞花序腋生，花萼外面被柔毛，花冠绿白色，副花冠杯状。蓇葖果纺锤形，先端渐尖，中部膨大。种子扁平，暗褐色；种毛白色，绢质。花期5～8月，果期8～10月。

【分布】黑龙江、吉林、辽宁、内蒙古、河北、河南、山东、山西、陕西、甘肃、新疆和江苏等。在国外分布于哈萨克斯坦、朝鲜、蒙古国、俄罗斯。

【用途】全株含橡胶 1.5%、树脂 3.6%，可作工业原料；幼果可食；种毛可作填充料。

牛奶菜 *Marsdenia sinensis*
龙胆目(Gentianales)夹竹桃科(Apocynaceae)牛奶菜属(*Marsdenia*)

牛奶菜

【鉴别特征】粗壮木质藤本。全株被茸毛。叶卵圆状心形。伞形聚伞花序腋生；花萼内面基部有腺体 10 余个；花冠白色或淡黄色；副花冠短，高仅达雄蕊之半；花粉块每室 1 个，直立，肾形。蓇葖果纺锤状，向两端渐尖，外果皮被黄色茸毛。花期夏季，果期秋季。

【分布】浙江、江西、湖北、湖南、福建、广东、广西和四川等。

【用途】全株供药用，民间用于壮筋骨、治跌打、利肠健胃。

紫花络石 *Trachelospermum axillare*
龙胆目(Gentianales)夹竹桃科(Apocynaceae)络石属(*Trachelospermum*)

紫花络石

【鉴别特征】粗壮木质藤本。无毛或幼时具微长毛。叶厚纸质，倒披针形、倒卵形或长椭圆形。聚伞花序近伞形，腋生或有时近顶生；花紫色，花蕾顶端钝，花萼裂片紧贴于花冠筒上，花冠高脚碟状；雄蕊着生于花冠筒的基部，花药隐藏于其内。蓇葖果圆柱状长圆形，平行，粘生。花期5～7月，果期8～10月。

【分布】浙江、江西、福建、湖北、湖南、广东、广西、云南、贵州、四川和西藏等。

【用途】植株可提取树脂及橡胶，可代麻制绳和织麻袋；种毛可作填充料。

络石 *Trachelospermum jasminoides*

龙胆目(Gentianales)夹竹桃科(Apocynaceae)络石属(*Trachelospermum*)

络石

【鉴别特征】常绿木质藤本。长达 10m，具乳汁。叶革质或近革质，椭圆形至卵状椭圆形或宽倒卵形。二歧聚伞花序腋生或顶生，花多朵组成圆锥状，与叶等长或较长；花白色，芳香；花萼 5 深裂；雄蕊着生在花冠筒中部；子房由 2 枚离生心皮组成，每心皮有胚珠多枚，着生于 2 个并生的侧膜胎座上。蓇葖果。花期 3～7 月，果期 7～12 月。

【分布】分布很广，山东、安徽、江苏、浙江、福建、台湾、江西、河北、河南、湖北、湖南、广东、广西、云南、贵州、四川、陕西等都有分布。在国外分布于日本、朝鲜、越南。

【用途】根、茎、叶、果实供药用，有祛风活络、利关节、止血、止痛消肿、清热解毒之效。

金灯藤 *Cuscuta japonica*

茄目(Solanales)旋花科(Convolvulaceae)菟丝子属(*Cuscuta*)

金灯藤

【鉴别特征】一年生寄生缠绕草本。茎较粗壮，肉质，黄色，常带紫红色瘤状斑点，无毛，多分枝，无叶。花无柄或几无柄，形成穗状花序，基部常多分枝；花萼碗状，肉质，5 裂几达基部；花冠钟状，淡红色或绿白色；雄蕊 5 枚；鳞片 5 枚，边缘流苏状，着生于花冠筒基部；子房球状，2 室。蒴果卵圆形。花期 8 月，果期 9 月。

【分布】我国南北各省份。越南、朝鲜、日本也有分布。

【用途】种子药用，功效同菟丝子。其寄生习性对一些木本植物造成危害。

海桐叶白英 *Solanum pittosporifolium*

茄目(Solanales)茄科(Solanaceae)茄属(*Solanum*)

海桐叶白英

【鉴别特征】无刺蔓生灌木。长达 1m。叶互生，披针形至卵圆状披针形。聚伞花序腋外生，疏散；萼小，浅杯状；花冠白色，少数为紫色。浆果球状，成熟后红色。种子多数，扁平。花期 6～8 月，果期 9～12 月。

【分布】星散分布于河北、安徽、浙江、江西、湖南、四川、贵州、云南、广西、广东诸省份。越南北部有分布。

【用途】具有清热利湿、解毒消肿之功效。

浙赣车前紫草　*Sinojohnstonia chekiangensis*

紫草目（Boraginales）紫草科（Boraginaceae）车前紫草属（*Sinojohnstonia*）

浙赣车前紫草

【鉴别特征】多年生草本。根状茎多条，细长，长达 15cm。茎数条，细弱。基生叶数片，叶片长卵形，茎生叶较小。花序含多数花，无苞片，密生短伏毛；花萼 5 裂至基部；花冠漏斗状，白色或稍带淡红色；雄蕊 5 枚；子房 4 裂。小坚果 4 个，碗状突起的边缘内折。花果期 4～5 月。

【分布】浙江、江西、湖南、山西、陕西等。

【用途】带根全草具有清热利湿、散瘀止血的功效。

车前紫草　*Sinojohnstonia plantaginea*

紫草目（Boraginales）紫草科（Boraginaceae）车前紫草属（*Sinojohnstonia*）

车前紫草

【鉴别特征】多年生草本。根状茎横走；茎数条，高 15～20cm，有短伏毛。基生叶数片，叶片心状卵形；茎生叶生于茎上部，较小。花序长达 5cm，含多数花，花萼 5 裂，花冠钟状、白色，雄蕊 5 枚，子房 4 裂。小坚果无毛，有光泽，碗状突起淡黄褐色。花果期 3～9 月。

【分布】四川及甘肃东南部等。

【用途】具有清热利湿、散瘀止血的功效。

弯齿盾果草　*Thyrocarpus glochidiatus*

紫草目（Boraginales）紫草科（Boraginaceae）盾果草属（*Thyrocarpus*）

弯齿盾果草

【鉴别特征】一年生草本。茎 1 条至数条，细弱，斜升或外倾，高 10～30cm。基生叶有短柄，匙形或狭倒披针形；茎生叶较小，无柄，卵形至狭椭圆形。花序长可达 15cm，苞片卵形至披针形，花生于苞腋或腋外，花萼裂片狭椭圆形至卵状披针形，花冠淡蓝色或白色，雄蕊 5 枚。小坚果 4 个。花果期 4～6 月。

【分布】我国特有种。产于甘肃、四川北部、陕西、河南、江西、安徽、江苏及广东。

【用途】具有清热解毒、消肿的功效。用于治疗痈疖疔疮、菌痢、肠炎。

白蜡树　*Fraxinus chinensis*
唇形目(Lamiales)木犀科(Oleaceae)梣属(*Fraxinus*)

【鉴别特征】落叶乔木。高 10～12m。羽状复叶，小叶 5～7 片，硬纸质，卵形、倒卵状长圆形至披针形。圆锥花序顶生或腋生于枝梢；花雌雄异株；雄花密集，花萼小，钟状，无花冠；雌花疏离。翅果匙形。小坚果圆柱形。花期 4～5 月，果期 7～9 月。

白蜡树

【分布】南北各省份。在国外分布于日本、朝鲜、俄罗斯、越南。

【用途】主要经济用途为放养白蜡虫生产白蜡，尤以西南各省份栽培最盛。

苦枥木　*Fraxinus insularis*
唇形目(Lamiales)木犀科(Oleaceae)梣属(*Fraxinus*)

【鉴别特征】落叶大乔木。高 20～30m。羽状复叶，叶缘具浅锯齿，或中部以下近全缘。圆锥花序生于当年生枝端，顶生及侧生于叶腋；花芳香；花萼钟状，齿截平；花冠白色，裂片匙形。翅果红色至褐色、长匙形，小坚果近扁平，花萼宿存。花期 4～5 月，果期 7～9 月。

苦枥木

【分布】我国长江以南，台湾至西南各省份。日本也有分布。

【用途】具有清热燥湿、平喘止咳、明目等功效，治细菌性痢疾、肠炎、白带、慢性气管炎、目赤肿痛、迎风流泪、牛皮癣。

蚂蝗七 *Chirita fimbrisepala*

唇形目(Lamiales)苦苣苔科(Gesneriaceae)唇柱苣苔属(*Chirita*)

【鉴别特征】多年生草本。具粗根茎。叶均为基生，叶片草质，两侧不对称、卵形、宽卵形或近圆形。聚伞花序 1～4(7)，有(1)2～5 花；花萼长 7～11mm，5 裂至基部；花冠淡紫色或紫色。蒴果，被短柔毛。种子纺锤形。花期 3～4 月。

蚂蝗七

【分布】广西、广东、贵州南部、湖南、江西和福建。

【用途】根茎治小儿疳积、胃痛、跌打损伤。

羽裂唇柱苣苔 *Chirita pinnatifida*

唇形目(Lamiales)苦苣苔科(Gesneriaceae)唇柱苣苔属(*Chirita*)

【鉴别特征】多年生草本。叶均为基生，叶片草质，长圆形或狭卵形。花序有 1～4 花，花萼 5 裂至基部，花冠紫色或淡紫色，雄蕊的花丝着生于距花冠基部

羽裂唇柱
苣苔

1.4～1.6cm 处，退化雄蕊着生于距花冠基部 1.2～1.5cm 处。蒴果。种子褐色或暗紫色，狭椭圆球形。花期 6～9 月，果期 8～11 月。

【分布】广西、广东北部、贵州东南部、湖南南部、江西、福建西部、浙江南部和西部。

【用途】全草在民间供药用，治跌打损伤等症。

吊石苣苔 *Lysionotus pauciflorus*

唇形目(Lamiales)苦苣苔科(Gesneriaceae)吊石苣苔属(*Lysionotus*)

【鉴别特征】小灌木。叶 3 片轮生，有时对生；叶片革质，形状变化大。花序有 1～2(5)花，花萼 5 裂达或近基部，花冠白色带淡紫色条纹或淡紫色；退化雄蕊 3 枚，无毛。蒴果线形。种子纺锤形。花期 7～10 月。

吊石苣苔

【分布】云南东部、广西、广东、福建、台湾、浙江、江苏南

部、安徽、江西、湖南、湖北、贵州、四川、陕西南部。在越南及日本也有分布。

【用途】全草可供药用，治跌打损伤等症。

贵州半蒴苣苔 *Hemiboea cavaleriei*
唇形目(Lamiales) 苦苣苔科(Gesneriaceae) 半蒴苣苔属(*Hemiboea*)

贵州半蒴苣苔

【鉴别特征】多年生草本。茎上升，高 20～150cm。叶对生，叶片稍肉质，干后草质。聚伞花序，假顶生，具 3～12 花；萼片 5 枚，卵状三角形、椭圆状披针形至线状披针形；花冠白色、淡黄色或粉红色，散生紫斑；花丝着生于距花冠基部 10～15mm 处，退化雄蕊 3 枚。蒴果线状披针形。花期 8～10 月，果期 10～12 月。

【分布】江西南部、福建、湖南、广东、广西、四川和贵州南部。越南北部有分布。

【用途】全草入药，治疗痢和烫伤；可作猪饲料。

江西半蒴苣苔 *Hemiboea subacaulis* var. *jiangxiensis*
唇形目(Lamiales) 苦苣苔科(Gesneriaceae) 半蒴苣苔属(*Hemiboea*)

江西半蒴苣苔

【鉴别特征】多年生草本。与原变种不同之处在于：叶片疏被柔毛，顶端急尖或渐尖，基部下延；瞢片长 10～11mm，宽 3.2～4.5mm。花期 8～9 月。

【分布】江西井冈山地区。

【用途】全草入药，治疗痢和烫伤；可作猪饲料。

窄叶马铃苣苔 *Oreocharis argyreia* var. *angustifolia*
唇形目(Lamiales) 苦苣苔科(Gesneriaceae) 马铃苣苔属(*Oreocharis*)

窄叶马铃苣苔

【鉴别特征】多年生草本。与原变种的主要区别：叶狭窄，线状披针形，长 3.7～9.5cm，宽 0.8～2.4cm，长为宽的 3～5 倍；子房被柔毛。

【分布】广西上思等。

【用途】具有一定的观赏价值。

长瓣马铃苣苔 *Oreocharis auricula*

唇形目(Lamiales)苦苣苔科(Gesneriaceae)马铃苣苔属(*Oreocharis*)

【鉴别特征】多年生草本。叶全部基生，具柄，长圆状椭圆形。聚伞花序 2 次分枝，2～5 个，每花序具 4～11 花；花萼 5 裂至近基部；花冠细筒状，蓝紫色；雄蕊分生；雌蕊无毛，子房线状长圆形。蒴果。花期 6～7 月，果期 8 月。

长瓣马铃苣苔

【分布】广东、广西、江西、湖南、贵州及四川。

【用途】全草药用，治跌打损伤等症。

华中婆婆纳 *Veronica henryi*

唇形目(Lamiales)车前科(Plantaginaceae)婆婆纳属(*Veronica*)

【鉴别特征】多年生草本。植株高 8～25cm。叶 4～6 对，叶片薄纸质，卵形至长卵形。总状花序 1～4 对，侧生于茎上部叶腋；花萼裂片条状披针形；花冠白色或淡红色，具紫色条纹；雄蕊略短于花冠。蒴果折扇状菱形。花期 4～5 月。

华中婆婆纳

【分布】云南、贵州、四川、湖北、湖南、江西。

【用途】清热解毒，用于治疗小儿鹅口疮。

蚊母草 *Veronica peregrina*

唇形目(Lamiales)车前科(Plantaginaceae)婆婆纳属(*Veronica*)

【鉴别特征】一年生草本。株高 10～25cm。主茎直立，通常自基部多分枝，侧枝披散。叶无柄。总状花序长，花冠白色或浅蓝色，雄蕊短于花冠。蒴果倒心形，明显侧扁，边缘生短腺毛，宿存的花柱不超出凹口。种子矩圆形。花期 5～6 月。

蚊母草

【分布】东北、华东、华中、西南各省份。在国外分布于日本、朝鲜、蒙古国、俄罗斯等。

【用途】带虫瘿的全草药用，治跌打损伤、瘀血肿痛及骨折；可食用。

婆婆纳 *Veronica polita*

唇形目(Lamiales)车前科(Plantaginaceae)婆婆纳属(*Veronica*)

婆婆纳

【鉴别特征】铺散多分枝草本，多少被长柔毛。叶仅2～4对，叶片心形至卵形。总状花序很长，苞片叶状，花萼裂片卵形，花冠淡紫色、蓝色、粉色或白色，雄蕊比花冠短。蒴果近肾形，密被腺毛，略短于花萼。种子背面具横纹。花期3～10月。

【分布】华东、华中、西南、西北及北京常见。广布于欧亚大陆北部。

【用途】茎叶味甜，可食用。

醉鱼草 *Buddleja lindleyana*

唇形目(Lamiales)玄参科(Scrophulariaceae)醉鱼草属(*Buddleja*)

醉鱼草

【鉴别特征】灌木。高1～3m。叶对生，萌芽枝条上的叶为互生或近轮生。穗状聚伞花序顶生，花紫色、芳香，花萼钟状，雄蕊着生于花冠管下部或近基部，子房卵形。果序穗状，蒴果长圆状或椭圆状。种子淡褐色，小，无翅。花期4～10月，果期8月至翌年4月。

【分布】安徽、浙江、江西、福建、湖北、广东、贵州和云南等。马来西亚、日本、美洲及非洲也有分布。

【用途】花、叶及根供药用；兽医用枝叶治牛泻血；全株可用作农药；花芳香而美丽，为公园常见优良观赏植物。

白接骨 *Asystasia neesiana*

唇形目(Lamiales)爵床科(Acanthaceae)白接骨属(*Asystasia*)

白接骨

【鉴别特征】多年生草本。具白色、富黏液、竹节形根状茎。叶纸质，卵形至椭圆状矩圆形。总状花序或基部有分枝，顶生；花单生或对生；花冠淡紫红色，漏斗状；二强雄蕊。蒴果长，上部具 4 颗种子，下部实心细长似柄。花期 6～9 月，果期 10 月至翌年 1 月。

【分布】江苏、浙江、安徽、江西、福建、台湾、广东、广西、湖南、湖北、云南、贵州等。印度东喜马拉雅山区、越南至缅甸也有分布。

【用途】叶和根状茎入药，可用于止血。

荆条 *Vitex negundo* var. *heterophylla*

唇形目(Lamiales)唇形科(Lamiaceae)牡荆属(*Vitex*)

荆条

【鉴别特征】灌木。小枝四棱形。掌状复叶，小叶 5 片，少有 3 片，小叶片边缘有缺刻状锯齿。聚伞花序排成圆锥状；花萼钟状，顶端有 5 裂齿；花冠淡紫色，顶端 5 裂，二唇形；雄蕊伸出花冠管外。核果近球形，径约 2mm，宿萼接近果实的长度。花期 4～5 月，果期 6～10 月。

【分布】辽宁、河北、山西、山东、河南、陕西、甘肃、江苏、安徽、江西、湖南、贵州、四川。日本也有分布。

【用途】叶秀丽，花清雅，是装点风景区的极好材料，也是树桩盆景的优良材料；茎叶、种子和根均可入药，茎叶治疗久痢，种子为清凉性镇静、镇痛药，根可以驱蛲虫；花含蜜汁，是极好的蜜源植物；枝可编筐，还是很好的燃料。

邻近风轮菜 *Clinopodium confine*

唇形目(Lamiales)唇形科(Lamiaceae)风轮菜属(*Clinopodium*)

邻近风轮菜

【鉴别特征】多年生草本，铺散，基部生根。茎四棱形。叶卵圆形，薄纸质。轮伞花序通常多花密集，球形；花萼管状；花冠粉红至紫红色，稍超出花萼；雄蕊 4 枚，内藏，前对能育，后对退化；花药 2 室，室略叉开。小坚果卵球形，褐色，光滑。花期 4～6 月，果期 7～8 月。

【分布】浙江、江苏、江西、福建、广西、贵州及四川。日本也有分布。

【用途】具有提振食欲、缓解消化不良和胃肠胀气、舒缓喉咙痛的功效；叶常被拿来作为意大利香肠或烹调鱼的材料和香料。

腋花黄芩 *Scutellaria axilliflora*
唇形目(Lamiales)唇形科(Lamiaceae)黄芩属(*Scutellaria*)

【鉴别特征】多年生草本。根茎细，匍匐状。叶片草质，卵圆形或三角状卵圆形。花单生于苞状叶腋中，向上斜展，并偏向一侧；花萼疏被短柔毛及短缘毛，具腺点；花冠紫色或淡紫蓝色；雄蕊 4 枚，后对较短，内藏；子房 4 裂，裂片等大。小坚果深褐色，卵球形，具瘤状突起，腹部隆起，近基部具果脐。花期 4～6 月，果期 6～7 月。

【分布】福建、浙江和江西等。

【用途】主治温热病。

韩信草 *Scutellaria indica*
唇形目(Lamiales)唇形科(Lamiaceae)黄芩属(*Scutellaria*)

【鉴别特征】多年生草本。根茎短，四棱形。叶草质至近坚纸质，心状卵圆形或圆状卵圆形至椭圆形。花对生，在茎或分枝顶上排列成长 4～8(12)cm 的总状花序，花冠蓝紫色，二强雄蕊。成熟小坚果栗色或暗褐色，卵形，具瘤，腹面近基部具一果脐。花果期 2～6 月。

【分布】江苏、浙江、安徽、江西、福建、台湾、广东、广西、湖南、河南、陕西、贵州、四川及云南等。朝鲜、日本、印度、中南半岛、印度尼西亚等也有分布。

【用途】祛风、壮筋骨、散血消肿，治蚊伤和跌打伤。

活血丹 *Glechoma longituba*
唇形目(Lamiales)唇形科(Lamiaceae)活血丹属(*Glechoma*)

【鉴别特征】多年生草本。具匍匐茎，上升，逐节生

根；茎四棱形，基部通常呈淡紫红色。叶草质，下部者较小，叶片心形或近肾形。轮伞花序通常 2 花，稀具 4～6 花；花萼管状；花冠淡蓝、蓝至紫色，下唇具深色斑点；雄蕊 4 枚，内藏；子房 4 裂，无毛。成熟小坚果深褐色，长圆状卵形。花期 4～5 月，果期 5～6 月。

【分布】除青海、甘肃、新疆及西藏外，全国各地均产。俄罗斯远东地区、朝鲜也有分布。

【用途】民间广泛用全草或茎叶入药，治膀胱结石或尿路结石有效；叶汁治小儿惊痫、慢性肺炎。

筋骨草　*Ajuga ciliata*
唇形目(Lamiales)唇形科(Lamiaceae)筋骨草属(*Ajuga*)

筋骨草

【鉴别特征】多年生草本。茎四棱形，基部略木质化，紫红色或绿紫色。叶片纸质，卵状椭圆形至狭椭圆形。穗状聚伞花序顶生，由多数轮伞花序密集排列组成。花萼漏斗状钟形，花冠紫色、具蓝色条纹，二强雄蕊。小坚果长圆状或卵状三棱形。花期 4～8 月，果期 7～9 月。

【分布】河北、山东、河南、山西、陕西、甘肃、四川及浙江等。

【用途】全草入药，治肺热咯血、跌打损伤、扁桃体炎、咽喉炎等症。

金疮小草　*Ajuga decumbens*
唇形目(Lamiales)唇形科(Lamiaceae)筋骨草属(*Ajuga*)

金疮小草

【鉴别特征】一、二年生草本。具匍匐茎，平卧或上升。基生叶较多，较茎生叶长而大；叶片薄纸质，匙形或倒卵状披针形。轮伞花序多花，排列成长 7～12cm 的间断穗状花序，位于下部的轮伞花序疏离；花萼漏斗状；花冠淡蓝色或淡红紫色，稀白色；二强雄蕊。小坚果倒卵状三棱形。花期 3～7 月，果期 5～11 月。

【分布】长江以南各省份，最西可达云南（西畴及蒙自）。在国外分布于日本、朝鲜。

【用途】全草入药，治痈疽疔疮、火眼、乳痈、毒蛇咬伤以及外伤出血等症。

毛药花 *Bostrychanthera deflexa*

唇形目(Lamiales)唇形科(Lamiaceae)毛药花属(*Bostrychanthera*)

【鉴别特征】草本。高0.5～1.5m。茎坚硬，四棱形，具深槽。叶纸质，几乎无柄，长披针形。聚伞花序 毛药花 具(5)7～11花；萼齿5，短小；花冠淡紫红色；雄蕊4枚，前对较长，内藏。成熟小坚果1个，核果状，黑色，近球形。花期7～9月，果期9～11月。

【分布】福建、台湾、江西、广东、广西、贵州、四川及湖北。

【用途】具一定药用功能，可入药。

南丹参 *Salvia bowleyana*

唇形目(Lamiales)唇形科(Lamiaceae)鼠尾草属(*Salvia*)

【鉴别特征】多年生草本。根肥厚，外表红赤色，切面淡黄色。茎粗大，钝四棱形，具槽。叶为羽状复 南丹参 叶。轮伞花序8至多花，组成顶生总状花序或总状圆锥花序；花萼筒形；花冠淡紫色、紫色至蓝紫色，冠檐二唇形；能育雄蕊2枚。小坚果椭圆形，褐色，顶端有毛。花期3～7月。

【分布】浙江、江西、福建、广东、广西等。

【用途】根入药，功效同丹参。

出蕊四轮香 *Hanceola exserta*

唇形目(Lamiales)唇形科(Lamiaceae)四轮香属(*Hanceola*)

【鉴别特征】多年生草本。根茎匍匐横走，钝四棱形，具槽。叶膜质至草质，卵形至披针形。总状花序顶 出蕊四轮香 生于枝上，聚伞花序1～3花，通常1花；花萼钟形；花冠紫蓝色，漏斗状管形，冠檐二唇形；雄蕊4枚；子房无毛。花期9～10月。

【分布】浙江西南部、江西、福建、湖南及广东。

【用途】有一定药用功能，秋季采收地上部分鲜用或晒干入药。

紫花香薷 *Elsholtzia argyi*

唇形目(Lamiales)唇形科(Lamiaceae)香薷属(*Elsholtzia*)

【鉴别特征】草本。高 0.5～1m。茎四棱形，具槽，紫色。叶卵形至阔卵形。穗状花序生于茎、枝顶端，偏向一侧，由具 8 花的轮伞花序组成；花萼管状；花冠红紫色，冠檐二唇形；雄蕊 4 枚，前对较长。小坚果 4 个，长圆形，深棕色，外面具细微疣状突起。花果期 9～11 月。

【分布】浙江、江苏、安徽、福建、江西、广东、四川等。日本也有分布，越南有栽培。

【用途】具有发汗解表、化湿和中、利水消肿等功效，主治风寒感冒、水肿脚气。

匍茎通泉草 *Mazus miquelii*

唇形目(Lamiales)通泉草科(Mazaceae)通泉草属(*Mazus*)

【鉴别特征】多年生草本。茎有直立茎和匍匐茎，匍匐茎花期发出。基生叶常多数成莲座状，茎生叶在直立茎上的多互生。总状花序顶生、伸长，花稀疏，花萼钟状漏斗形，花冠紫色或白色而有紫斑。蒴果圆球形，稍伸出于萼筒。花果期 2～8 月。

【分布】江苏、安徽、浙江、江西、湖南、广西、福建、台湾。日本也有分布。

【用途】全草可用于止痛、健胃、解毒消肿。

台湾泡桐 *Paulownia kawakamii*

唇形目(Lamiales)泡桐科(Paulowniaceae)泡桐属(*Paulownia*)

【鉴别特征】小乔木。高 6～12m。叶片心脏形，全缘或 3～5 裂或有角。花序枝的侧枝发达而几与中央主枝等势或稍短，故花序为宽大圆锥形；花冠近钟形，浅紫色至蓝紫色；雄蕊 10～15mm；子房有腺体。蒴果卵圆形，顶端有短喙，果皮薄。花期 4～5 月，果期 8～9 月。

【分布】湖北、湖南、江西、浙江、福建、台湾、广东、广西、贵州，多数野生。

【用途】主干低矮，不太适宜造林，但因叶有黏质，不受虫害。

圆苞山罗花 *Melampyrum laxum*
唇形目(Lamiales)列当科(Orobanchaceae)山罗花属(*Melampyrum*)

圆苞山罗花

【鉴别特征】草本。植株直立，高 25～35cm。叶片卵形。花疏生至多少密集；萼齿披针形至卵形，顶端锐尖；花冠黄白色，上唇内面密被须毛。蒴果卵状渐尖，稍偏斜，疏被鳞片状短毛。秋季开花。

【分布】浙江(丽水)、福建(黄溪洲)等。日本也有分布。

【用途】用于治疗肠痈、肺痈、疮毒、疖肿、疮疡等。

硬叶冬青 *Ilex ficifolia*
冬青目(Aquifoliales)冬青科(Aquifoliaceae)冬青属(*Ilex*)

硬叶冬青

【鉴别特征】常绿乔木或灌木。高达 8m。叶片革质，椭圆形或长圆状椭圆形。雄花序聚伞状，具 7 朵花，单生于叶腋，花萼 5 浅裂，花冠辐状，雄蕊 5 枚；雌花序有花 3 朵，花 4～5 基数，花萼有缘毛。聚伞状果序具 1～3 个果；成熟果球形，干时黑色。花期 5～6 月，果期 9～10 月。

【分布】浙江、江西、福建、广西、广东等。

【用途】具有一定观赏价值，可作为园林树种。

广东冬青 *Ilex kwangtungensis*
冬青目(Aquifoliales)冬青科(Aquifoliaceae)冬青属(*Ilex*)

广东冬青

【鉴别特征】常绿灌木或小乔木。高达 9m。叶生于 1～3 年生枝上，近革质。复合聚伞花序单生于当年生的叶腋内。雄花序为 2～4 次二歧聚伞花序，具 12～20 花；花紫色或粉红色，4 或 5 基数；退化子房圆锥状。雌花序具一至二回二歧式聚伞花序，淡紫色或淡红色；花萼同雄花；雄蕊退化，败育花药心形；子房卵球形。果椭圆形。花期 6 月，果期 9～11 月。

【分布】浙江、江西、福建、湖南、广东、广西、海南、贵州和云南等。

【用途】可作理想的庭园绿化树种。

矮冬青 *Ilex lohfauensis*
冬青目（Aquifoliales）冬青科（Aquifoliaceae）冬青属（*Ilex*）

【鉴别特征】常绿灌木或小乔木。高 2～6m。叶生于 1～3 年生枝上，薄革质或纸质。花序簇生于 2 年生枝的叶腋内；雄花序由具 1～3 花的聚伞花序簇生，花 4(～5)基数、粉红色，花萼盘状，花冠辐状，不育子房具短喙；雌花序由 2～3 花簇生，花萼与花冠同雄花，雄蕊退化。果球形，成熟后红色。花期 6～7 月，果期 8～12 月。

矮冬青

【分布】安徽、浙江、江西、福建、湖南、广东、香港、广西和贵州等。

【用途】有清热解毒的功效，可治气管炎和烧烫伤。

小果冬青 *Ilex micrococca*
冬青目（Aquifoliales）冬青科（Aquifoliaceae）冬青属（*Ilex*）

【鉴别特征】落叶乔木。高达 20m。小枝粗壮，具气孔。叶片膜质或纸质，卵形或卵状长圆形。伞房状二至三回聚伞花序单生于当年生枝的叶腋内；雄花 5 或 6 基数，花萼盘状、5 或 6 浅裂，花冠辐状，雄蕊与花瓣互生；雌花 6～8 基数，花萼 6 深裂，花冠辐状，花瓣长圆形，雄蕊退化。果实球形，成熟时红色。花期 5～6 月，果期 9～10 月。

小果冬青

【分布】浙江、安徽、福建、台湾、江西、湖北、湖南等。日本、越南也有分布。

【用途】可作农具、家具、建筑、火柴杆等用材；是优良造纸原料，适宜制造书写纸、印刷纸等；树皮可提制栲胶，还可作染料。

落霜红 *Ilex serrata*

冬青目(Aquifoliales)冬青科(Aquifoliaceae)冬青属(*Ilex*)

落霜红

【鉴别特征】落叶灌木。高1~3m。树皮具明显的皮孔。叶片膜质，椭圆形，稀卵状或倒卵状椭圆形。雄花序为二(或三)回二歧(或三歧)聚伞花序，单生于叶腋，具9~21花，花4或5基数，不育子房狭圆锥形；雌花序为具1~3花的聚伞花序，单生于叶腋，罕近簇生，花4~6基数，雄蕊退化。果球形，单生或2~3个呈聚伞状生于叶腋。花期5月，果期10月。

【分布】浙江、江西、福建、湖南和四川等。日本也有分布。

【用途】清热解毒、凉血止血，用于治疗烧烫伤、创伤出血、疮疖溃疡、肺痈。

绿冬青 *Ilex viridis*

冬青目(Aquifoliales)冬青科(Aquifoliaceae)冬青属(*Ilex*)

绿冬青

【鉴别特征】常绿灌木或小乔木。高1~5m。幼枝近四棱形，具纵棱角及沟。叶片革质，倒卵形，生于1~2年生枝上。雄花1~5朵排成聚伞花序，花白色、4基数，雄蕊4枚，退化子房狭圆锥形；雌花单花生于当年生枝的叶腋内，花萼4裂，花瓣4枚、卵形，雄蕊退化。果球形或略扁球形，成熟时黑色。花期5月，果期10~11月。

【分布】安徽、浙江、江西、福建、湖北、广东、广西、海南、贵州等。

【用途】可治烫伤，溃疡久不愈合，闭塞性脉管炎，急、慢性支气管炎，肺炎，尿路感染，菌痢，外伤出血，冻疮，皲裂。

金钱豹 *Campanumoea javanica*

菊目(Asterales)桔梗科(Campanulaceae)金钱豹属(*Campanumoea*)

金钱豹

【鉴别特征】草质缠绕藤本。具乳汁，具胡萝卜状根。叶对生，心形或心状卵形，边缘有浅锯齿。花单朵生于叶腋，各部无毛；花萼与子房分离，5裂至近基部；花冠上位，白色或黄绿色，内面紫色，钟状；雄蕊5枚。浆果黑紫色、紫红色，球状。花期(5)8～9(11)月。

【分布】在国内分布于安徽、福建、甘肃、广东、广西、贵州、海南、湖北、湖南、江西、四川、台湾、云南、浙江。在国外分布于不丹、印度东北部、印度尼西亚、日本、老挝、缅甸、尼泊尔、泰国、越南。

【用途】果实味甜可食；根入药，有清热、镇静之效，治神经衰弱等症，也可蔬食。

轮钟花 *Cyclocodon lancifolius*

菊目(Asterales)桔梗科(Campanulaceae)轮钟草属(*Cyclocodon*)

轮钟花

【鉴别特征】直立或蔓性草本，有乳汁。叶对生，偶有3片轮生，卵状披针形。花通常单朵顶生兼腋生，有时3朵组成聚伞花序；花萼裂片(4～)5(～7)枚；花冠白色或淡红色，5～6裂至中部；雄蕊5～6枚；子房(4)5～6室。浆果球状，(4)5～6室，熟时紫黑色。花期7～10月。

【分布】云南、四川、贵州、湖北、湖南、广西、广东、福建、台湾等。在国外分布于孟加拉国、柬埔寨、印度东北部、印度尼西亚、日本、老挝、菲律宾、越南。

【用途】根药用，无毒，甘而微苦，有益气补虚、祛瘀止痛之效。

羊乳 *Codonopsis lanceolata*

菊目(Asterales)桔梗科(Campanulaceae)党参属(*Codonopsis*)

羊乳

【鉴别特征】草质缠绕藤本。有白色乳汁。植株全体光滑无毛或茎叶偶疏生柔毛。叶在主茎上互生，菱状狭卵形；在小枝顶端通常2～4叶簇生，近于对生或轮生状。花单生或对生于小枝顶端；花冠阔钟状，黄绿色或乳白色，内有紫色斑；子房下位。蒴果下部半球状，上部有喙。花果期7～8月。

【分布】东北、华北、华东和中南各省份。在国外分布于日本、韩国、俄罗斯远东地区。

【用途】具有滋补强壮、补虚通乳、排脓解毒、祛痰等功效，用于治疗血虚气弱、肺痈咯血、乳汁少、各种痈疽肿毒、瘰疬、带下病、喉蛾。

半边莲 *Lobelia chinensis*
菊目(Asterales)桔梗科(Campanulaceae)半边莲属(*Lobelia*)

【鉴别特征】多年生草本。茎细弱，匍匐。叶互生，椭圆状披针形至条形。花通常1朵，生于分枝的上部叶腋，花萼筒倒长锥状，花冠粉红色或白色，雄蕊长约8mm。蒴果倒锥状。种子椭圆状，稍压扁，近肉色。花果期5~10月。

半边莲

【分布】长江中、下游及以南各省份。印度以东的亚洲其他各国也有分布。

【用途】全草可供药用，有清热解毒、利尿消肿之效。

江南山梗菜 *Lobelia davidii*
菊目(Asterales)桔梗科(Campanulaceae)半边莲属(*Lobelia*)

【鉴别特征】多年生草本。高可达180cm。叶螺旋状排列，卵状椭圆形至长披针形。总状花序顶生；花萼筒倒卵状；花冠紫红色或红紫色，近二唇形。蒴果球状。种子黄褐色，稍压扁，椭圆状，一边厚而另一边薄，薄边颜色较淡。花果期8~10月。

江南山梗菜

【分布】华东南部、湖南、湖北、西南东部及广东、广西。模式标本采自江西九江。在国外分布于不丹、印度北部、缅甸、尼泊尔。

【用途】根供药用，治痈肿疮毒、胃寒痛；全草治毒蛇咬伤。

铜锤玉带草 *Lobelia nummularia*
菊目(Asterales)桔梗科(Campanulaceae)半边莲属(*Lobelia*)

【鉴别特征】多年生草本。有白色乳汁。叶互生，圆卵形、心形或卵形。花单生于叶腋；花萼筒坛状；花

铜锤玉带草

冠紫红色、淡紫色、绿色或黄白色，檐部二唇形；雄蕊在花丝中部以上连合。果为浆果，紫红色，椭圆状球形。种子多数，近圆球状。在热带地区可整年开花结果。

【分布】我国西南、华南、华东及华中等。

【用途】具有祛风除湿、活血、解毒之功效。

珠光香青 *Anaphalis margaritacea*
菊目(Asterales)菊科(Asteraceae)香青属(*Anaphalis*)

珠光香青

【鉴别特征】多年生草本。根状茎横走或斜升，木质；有具褐色鳞片的短匍枝。下部叶在花期常枯萎，顶端钝；中部叶开展，线状披针形；上部叶渐小，有长尖头；全部叶稍革质。头状花序多数，在茎和枝端呈复伞房状，稀较少而呈伞房状。雌株头状花序外围有多层雌花，中央有3～20雄花；雄株头状花序全部为雄花或外围有极少数雌花。瘦果长椭圆形。花果期8～11月。

【分布】我国西南部、西部、中部。在国外分布于印度、日本、朝鲜、俄罗斯远东地区、美洲北部。在欧洲驯化或栽培。

【用途】干花瓣舒展，洁白美观，是制作干花和镶花的材料。

鼠麴草 *Gnaphalium affine*
菊目(Asterales)菊科(Asteraceae)鼠麴草属(*Gnaphalium*)

鼠麴草

【鉴别特征】一年生草本。高10～40cm或更高。叶无柄，匙状倒披针形或倒卵状匙形。头状花序较多或较少数，在枝顶密集成伞房花序；花黄色至淡黄色；总苞钟形，总苞片2～3层，金黄色或柠檬黄色；雌花多数，花冠细管状。瘦果倒卵形或倒卵状圆柱形，有乳头状突起。花期1～4月，果期8～11月。

【分布】我国华东、华南、华中、华北、西北及西南各省份。日本、朝鲜、菲律宾、印度尼西亚、中南半岛及印度也有分布。

【用途】茎叶入药，可镇咳、祛痰，治气喘和支气管炎，还有降血压的功效。

千里光　*Senecio scandens*
菊目(Asterales)菊科(Asteraceae)千里光属(*Senecio*)

千里光

【鉴别特征】多年生攀缘草本。根状茎木质。叶具柄，叶片卵状披针形至长三角形。头状花序有舌状花8～10；舌片黄色，长圆形；花冠黄色，檐部漏斗状。瘦果圆柱形，被柔毛。花期8月至翌年4月。

【分布】西藏、陕西、湖北、四川、贵州、云南、安徽、浙江、江西、福建、湖南、广东、广西、台湾等。印度、尼泊尔、不丹、中南半岛、菲律宾和日本也有分布。模式标本采自尼泊尔。

【用途】具有清热解毒、明目、止痒等功效，多用于治疗风热感冒、目赤肿痛、泄泻痢疾、皮肤湿疹疮疖。

一枝黄花　*Solidago decurrens*
菊目(Asterales)菊科(Asteraceae)一枝黄花属(*Solidago*)

一枝黄花

【鉴别特征】多年生草本。高(9)35～100cm。全部叶质地较厚，两面、沿脉及叶缘有短柔毛或下面无毛。头状花序较小，多数在茎上部排列成总状花序或伞房圆锥花序，少有排列成复头状花序，总苞片披针形或狭披针形，舌状花舌片椭圆形。瘦果。花果期4～11月。

【分布】我国南方，江苏、浙江、安徽、江西、四川、贵州、湖南、湖北、广东、广西、云南及陕西南部、台湾等地广为分布。

【用途】全草入药，可疏风解毒、退热行血、消肿止痛。

牛膝菊　*Galinsoga parviflora*
菊目(Asterales)菊科(Asteraceae)牛膝菊属(*Galinsoga*)

牛膝菊

【鉴别特征】一年生草本。高10～80cm。叶对生，卵形或长椭圆状卵形。头状花序半球形，有长花梗，多数在茎枝顶端排成伞房花序；总苞片1～2层，白色，膜质；舌状花 4～5 朵，舌片白色，管状花冠黄色。瘦果，三棱或中央的 4～5 棱，黑色或黑褐色。花果期 7～10 月。

【分布】原产于南美洲。在我国分布于四川、云南、贵州、西藏等省份。

【用途】全草药用，有止血、消炎之功效。

海金子 *Pittosporum illicioides*

伞形目(Apiales)海桐花科(Pittosporaceae)海桐属(*Pittosporum*)

海金子

【鉴别特征】常绿灌木。高达 5m。老枝有皮孔。叶生于枝顶，3～8 片簇生成假轮生状，薄革质。伞形花序顶生，有花 2～10 朵，萼片卵形，花瓣长 8～9mm，雄蕊长 6mm，侧膜胎座。蒴果近圆形，3 片裂开，果片薄木质。种子 8～15 颗。花期 3～5 月，果期 6～11 月。

【分布】福建、台湾、浙江、江苏、安徽、江西、湖北、湖南、贵州等。日本也有分布。

【用途】种子含油，可制肥皂；茎皮纤维可制纸。

树参 *Dendropanax dentiger*

伞形目(Apiales)五加科(Araliaceae)树参属(*Dendropanax*)

树参

【鉴别特征】乔木或灌木。高 2～8m。叶片厚纸质或革质，密生粗大半透明红棕色腺点；基脉三出，侧脉 4～6 对。伞形花序顶生，单生或 2～5 个聚生成复伞形花序，有花 20 朵以上；花萼边缘近全缘或有 5 小齿；花瓣 5 枚；雄蕊 5 枚，花丝长 2～3mm；子房 5 室，花柱 5。果实长圆状球形，稀近球形。花期 8～10 月，果期 10～12 月。

【分布】广布于浙江、安徽、湖南、湖北、四川、贵州、云南、广西、广东、江西、福建和台湾，为本属分布最广的种。在国外分布于柬埔寨、老挝、泰国、越南。

【用途】本种为民间草药，根、茎、叶治偏头痛、风湿痹痛等症。

穗序鹅掌柴 *Heptapleurum delavayi*

伞形目(Apiales)五加科(Araliaceae)鹅掌柴属(*Heptapleurum*)

【鉴别特征】乔木或灌木。高 3～8m。髓白色，薄片状。叶有小叶 4～7 片，小叶纸质至薄革质，稀革质，形状变化很大。花无梗，密集成穗状花序，再组成大圆锥花序；花白色；花萼疏生星状短柔毛，有 5 齿；花瓣 5 枚；花柱合生成柱状。果实球形，紫黑色。花期 10～11 月，果期翌年 1 月。

【分布】云南、贵州、四川、湖北、湖南、广西、广东、江西和福建。越南也有分布。

【用途】本种为民间常用草药，根皮治跌打损伤，叶有发表的功效。

常春藤 *Hedera nepalensis* var. *sinensis*

伞形目(Apiales)五加科(Araliaceae)常春藤属(*Hedera*)

【鉴别特征】常绿攀缘灌木。叶片革质，在不育枝上通常为三角状卵形。伞形花序单个顶生，或 2～7 个排列成圆锥花序，有花 5～40 朵；花淡黄白色或淡绿白色，芳香；萼密生棕色鳞片；花瓣 5 枚；雄蕊 5 枚；子房 5 室。果实球形，红色或黄色。花期 9～11 月，果期翌年 3～5 月。

【分布】甘肃、陕西、河南、山东、广东、江西、福建、西藏、江苏、浙江均有生长。越南也有分布。

【用途】全株供药用，有舒筋散风之效，茎叶捣碎治衄血，也可治痛疽或其他初起肿毒；枝叶供观赏；茎叶含鞣酸，可提制栲胶。

变豆菜 *Sanicula chinensis*

伞形目(Apiales)伞形科(Apiaceae)变豆菜属(*Sanicula*)

【鉴别特征】多年生草本。高达 1m。基生叶少数，通常 3 裂，少至 5 裂；茎生叶逐渐变小，通常 3 裂。花序二至三回叉式分枝，侧枝向两边开展而伸长。小伞形花序有花 6～10 朵：雄花 3～7 朵，花瓣白色或绿白色；两性花 3～4 朵，无柄，萼齿和花瓣的形状、大小同雄花。果实圆卵形。花果期 4～10 月。

【分布】东北、华东、中南、西北和西南各省份。日本、朝鲜、俄罗斯西伯利亚东部也有分布。

【用途】解毒、止血，主治咽痛、咳嗽、月经过多、尿血、外伤出血、疮痈肿毒。

南方荚蒾　*Viburnum fordiae*

川续断目(Dipsacales) 五福花科 (Adoxaceae) 荚蒾属(*Viburnum*)

南方荚蒾

【鉴别特征】灌木或小乔木。高可达 5m。叶纸质至厚纸质，宽卵形或菱状卵形。复伞形聚伞花序顶生或生于具 1 对叶的侧生小枝之顶；萼筒倒圆锥形，萼齿钝三角形；花冠白色，辐状；雄蕊与花冠等长或略超出。果实红色，卵圆形。花期 4～5 月，果熟期 10～11 月。

【分布】安徽、浙江、江西、福建、湖南、广东、广西、贵州及云南。

【用途】叶形美观，入秋变为红色；花开时节，白花纷纷布满枝头；果熟时，累累红果，令人赏心悦目。实为观赏佳木，是制作盆景的良好素材。

蝴蝶戏珠花　*Viburnum plicatum* f. *tomentosum*

川续断目(Dipsacales) 五福花科 (Adoxaceae) 荚蒾属(*Viburnum*)

蝴蝶戏珠花

【鉴别特征】灌木或小乔木。高达 5m。叶较狭，宽卵形或矩圆状卵形，有时椭圆状倒卵形，下面常带绿白色。花序外围有 4～6 朵白色、大型的不孕花，具长花梗，花冠不整齐 4～5 裂；中央可孕花花冠辐状，黄白色，裂片宽卵形，雄蕊高出花冠。果实先红色后变黑色。花期 4～5 月，果熟期 8～9 月。

【分布】陕西、安徽、浙江、江西、福建、台湾、河南、湖北、湖南、广东、广西、四川、贵州及云南。日本也有分布。

【用途】根、茎供药用，有清热解毒、健脾消积之效；茎治小儿疳积；根和茎火烧时所产生的烟煤外搽可治淋巴结炎；还是一种美丽的观赏花卉。

茶荚蒾　*Viburnum setigerum*
川续断目(Dipsacales)五福花科(Adoxaceae)荚蒾属(*Viburnum*)

茶荚蒾

【鉴别特征】落叶灌木。高达 4m。叶纸质，卵状矩圆形至卵状披针形。复伞形聚伞花序无毛或稍被长伏毛，有极小红褐色腺点，芳香；花冠白色，干后变茶褐色或黑褐色，辐状；雄蕊与花冠几乎等长。果序弯垂，果实红色。花期 4～5月，果期 9～10月。

【分布】江苏、安徽、浙江、江西、福建、台湾、广东、广西、湖南、贵州、云南、四川、湖北及陕西。

【用途】是制作盆景的良好素材。

接骨木　*Sambucus williamsii*
川续断目(Dipsacales)五福花科(Adoxaceae)接骨木属(*Sambucus*)

接骨木

【鉴别特征】落叶灌木或小乔木。高 5～6m。羽状复叶有小叶 2～3 对，有时仅 1 对或多达 5 对，叶搓揉后有臭气。花与叶同出，圆锥形聚伞花序顶生；萼筒杯状；花冠蕾时带粉红色，开放后白色或淡黄色，花冠筒短；雄蕊与花冠裂片等长，开展。果实红色，极少蓝紫黑色。花期一般 4～5月，果熟期 9～10月。

【分布】黑龙江、吉林、山东、江苏、安徽、浙江、福建、广东、贵州及云南等。

【用途】治折伤，续筋骨，除风痒龋齿，可做浴汤。

锈毛忍冬　*Lonicera ferruginea*
川续断目(Dipsacales)忍冬科(Caprifoliaceae)忍冬属(*Lonicera*)

锈毛忍冬

【鉴别特征】藤本。叶厚纸质，矩圆状卵形或卵状长圆形。双花(1)2～3 对组成小总状花序，腋生于小枝上方，并由 4～5 个小花序在小枝顶端组成小圆锥花序；花冠初时白色后转黄色，唇形。果实黑色，卵圆形。花期 5～6 月，果熟期8～9 月。

【分布】江西、福建、广东、广西、四川、贵州及云南。在国外分布于印度、泰国北部。

【用途】可以植为绿化矮墙，也可以利用其缠绕特性制作花廊、花架、花栏、花柱以及缠绕假山石等。

忍冬 *Lonicera japonica*

川续断目(Dipsacales)忍冬科(Caprifoliaceae)忍冬属(*Lonicera*)

忍冬

【鉴别特征】半常绿藤本。叶纸质，卵形至矩圆状卵形，顶端尖或渐尖。总花梗通常单生于小枝上部叶腋，与叶柄等长或稍较短；花冠初白色，有时基部向阳面呈微红，后变黄色，唇形；雄蕊和花柱均高出花冠。果实圆形，熟时蓝黑色，有光泽。花期 4～6 月，果熟期 10～11 月。

【分布】除黑龙江、内蒙古、宁夏、青海、新疆、海南和西藏无自然生长外，全国其他各省份均有分布。日本、韩国也有分布，在东南亚广泛种植，在北美引进并成为入侵植物。

【用途】性甘寒，可清热解毒、消炎退肿，对细菌性痢疾和各种化脓性疾病都有效。

金银忍冬 *Lonicera maackii*

川续断目(Dipsacales)忍冬科(Caprifoliaceae)忍冬属(*Lonicera*)

金银忍冬

【鉴别特征】落叶灌木。高达 6m。冬芽小，卵圆形，有 5～6 对或更多鳞片。叶纸质，形状变化较大。花芳香，生于幼枝叶腋，相邻两萼筒分离，花冠先白色后变黄色。果实暗红色，圆形。种子具蜂窝状微小浅凹点。花期 5～6 月，果熟期 8～10 月。

【分布】黑龙江、吉林、辽宁、河北、山西、陕西、甘肃、山东、江苏、安徽、浙江、河南、湖北、湖南、四川、贵州等。在日本、韩国、俄罗斯也有分布，在北美引进并成为入侵植物。

【用途】茎皮可制人造棉；花可提取芳香油；种子榨出的油可制肥皂。

下江忍冬 *Lonicera modesta*

川续断目(Dipsacales)忍冬科(Caprifoliaceae)忍冬属(*Lonicera*)

【鉴别特征】落叶灌木。高达 2m。冬芽外鳞片约 5 对，顶尖，内鳞片约 4 对。叶厚纸质，菱状椭圆形至圆状椭圆形。总花梗短；苞片钻形；花冠初白色，基部微红，后变黄色，唇形；雄蕊长短不等；子房 3 室。相邻两果实几乎全部合生，由橘红色转为红色。花期 5 月，果熟期 9～10 月。

下江忍冬

【分布】安徽、浙江、江西、湖北及湖南。

【用途】具有清热解毒的功效，主治温病发热、热毒血痢、痈疽疔毒等。

参考文献

李德铢，2018. 中国被子植物科属词典 [M]. 北京：科学出版社.

廖文波，王英永，李贞，等，2014. 中国井冈山地区生物多样性综合科学考察 [M]. 北京：科学出版社.

廖文波，凡强，王蕾，等，2016. 中国井冈山地区原色植物图谱 [M]. 北京：科学出版社.

刘全儒，邵小明，张志翔，2014. 北京山地植物学野外实习手册 [M]. 北京：高等教育出版社.

王焕冲，和兆荣，2015. 植物学野外实习指导 [M]. 2版. 北京：高等教育出版社.

张小卉，肖娅萍，2017. 植物学野外实习指导 [M]. 北京：科学出版社.

赵万义，2017. 罗霄山脉种子植物区系地理学研究 [D]. 广州：中山大学.

Byng J W，2016. An update of the Angiosperm Phylogeny Group classification for the orders and families of flowering plants：APG IV[J]. Botanical Journal of the Linnean Society，181：1-20.

Christenhusz M J M，Reveal J L，Farjon A，et al，2010. A new classification and linear sequence of extant gymnosperms[J]. Phytotaxa，19(1)：55-70.

Wu Zhengyi，Raven P H，Hong Deyuan，1995—2013. Flora of China(Vol. 1-25)[M]. Beijing：Science Press，and St. Louis：Missouri Botanical Garden Press.

附 录

学名索引

D

中文名索引

常用植物学网站

(1)中国植物志

http://www.iplant.cn/foc

(2)世界植物志在线

http://worldfloraonline.org/

(3)被子植物系统发育网站(Angiosperm Phylogeny Website)

http://www.mobot.org/MOBOT/research/APweb/

(4)多识植物百科

http://duocet.ibiodiversity.net/

(5)中国数字植物标本馆

https://www.cvh.ac.cn/

(6)中国自然标本馆

http://www.cfh.ac.cn/

(7)中国植物图像库

http://ppbc.iplant.cn/

裸子植物

银杏（银杏目 / 银杏科 / 银杏属）

马尾松（松目 / 松科 / 松属）

台湾五针松（松目 / 松科 / 松属）

铁杉（松目 / 松科 / 铁杉属）

穗花杉（柏目／红豆杉科／穗花杉属）

三尖杉（柏目／红豆杉科／三尖杉属）

白豆杉（柏目／红豆杉科／白豆杉属）

南方红豆杉（柏目／红豆杉科／红豆杉属）

竹柏（柏目／罗汉松科／竹柏属）

福建柏（柏目／柏科／福建柏属）

被子植物

五味子（木兰藤目／五味子科／五味子属）

假地枫皮（木兰藤目／五味子科／八角属）

红毒茴（木兰藤目／五味子科／八角属）

宽叶金粟兰（金粟兰目／金粟兰科／金粟兰属）

草珊瑚（金粟兰目／金粟兰科／草珊瑚属）

鹅掌楸（木兰目／木兰科／鹅掌楸属）

桂南木莲（木兰目／木兰科／木莲属）

乐昌含笑（木兰目／木兰科／含笑属）

紫花含笑（木兰目／木兰科／含笑属）

金叶含笑（木兰目／木兰科／含笑属）

深山含笑（木兰目／木兰科／含笑属）

野含笑（木兰目／木兰科／含笑属）

观光木（木兰目／木兰科／木兰属）

瓜馥木（木兰目／番荔枝科／瓜馥木属）

乌药（樟目／樟科／山胡椒属）

山橿（樟目／樟科／山胡椒属）

檫木（樟目／樟科／檫木属）

红楠（樟目／樟科／润楠属）

湘楠（樟目／樟科／楠属）

山鸡椒（樟目／樟科／木姜子属）

黄丹木姜子（樟目／樟科／木姜子属）

新木姜子（樟目／樟科／新木姜子属）

显脉新木姜子（樟目／樟科／新木姜子属）

管花马兜铃（胡椒目／马兜铃科／马兜铃属）

尾花细辛（胡椒目／马兜铃科／细辛属）

竹叶胡椒（胡椒目／胡椒科／胡椒属）

蕺菜（胡椒目／三白草科／蕺菜属）

三白草（胡椒目／三白草科／三白草属）

金钱蒲（菖蒲目／菖蒲科／菖蒲属）

一把伞南星（泽泻目／天南星科／天南星属）

天南星（泽泻目／天南星科／天南星属）

粉条儿菜（薯蓣目／沼金花科／粉条儿菜属）

宽翅水玉簪（薯蓣目／水玉簪科／水玉簪属）

日本薯蓣（薯蓣目／薯蓣科／薯蓣属）

菝葜（百合目／菝葜科／菝葜属）

小果菝葜（百合目／菝葜科／菝葜属）

折枝菝葜（百合目 / 菝葜科 / 菝葜属）

暗色菝葜（百合目 / 菝葜科 / 菝葜属）

卷丹（百合目 / 百合科 / 百合属）

油点草（百合目 / 百合科 / 油点草属）

天门冬（天门冬目 / 天门冬科 / 天门冬属）

深裂竹根七（天门冬目 / 天门冬科 / 竹根七属）

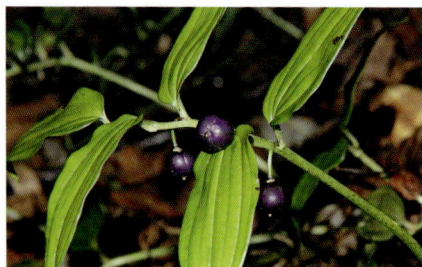

紫萼（天门冬目 / 天门冬科 / 玉簪属）

沿阶草（天门冬目／天门冬科／沿阶草属）

多花黄精（天门冬目／天门冬科／黄精属）

金线兰（天门冬目／兰科／开唇兰属）

钩距虾脊兰（天门冬目／兰科／虾脊兰属）

流苏贝母兰（天门冬目／兰科／贝母兰属）

多叶斑叶兰（天门冬目／兰科／斑叶兰属）

斑叶兰（天门冬目／兰科／斑叶兰属）

绒叶斑叶兰（天门冬目／兰科／斑叶兰属）

天麻（天门冬目／兰科／天麻属）

北插天天麻（天门冬目／兰科／天麻属）

细茎石斛（天门冬目／兰科／石斛属）

建兰（天门冬目／兰科／兰属）

春兰（天门冬目／兰科／兰属）

带唇兰（天门冬目／兰科／带唇兰属）

单叶厚唇兰（天门冬目／兰科／厚唇兰属）

独蒜兰（天门冬目／兰科／独蒜兰属）

东亚舌唇兰（天门冬目／兰科／
舌唇兰属）

绶草（天门冬目／兰科／
绶草属）

长轴白点兰（天门冬目／兰科／白点兰属）

黄花鹤顶兰（天门冬目／兰科／鹤顶兰属）

银兰（天门冬目／兰科／头蕊兰属）

台湾吻兰（天门冬目／兰科／吻兰属）

无柱兰（天门冬目／兰科／无柱兰属）

花莛薹草（禾本目／莎草科／薹草属）

淡竹叶（禾本目／禾本科／淡竹叶属）

阔叶箬竹（禾本目／禾本科／箬竹属）

井冈寒竹（禾本目 / 禾本科 / 短枝竹属）

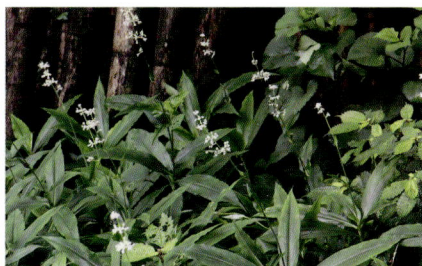

杜若（鸭跖草目 / 鸭跖草科 / 杜若属）

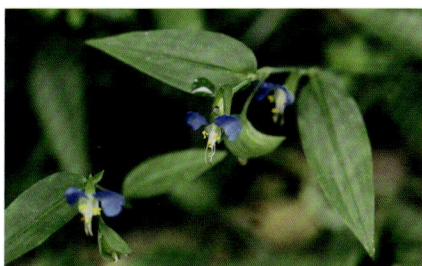

鸭跖草（鸭跖草目 / 鸭跖草科 / 鸭跖草属）

华山姜（姜目 / 姜科 / 山姜属）

舞花姜（姜目 / 姜科 / 舞花姜属）

三叶木通（毛茛目 / 木通科 / 木通属）

野木瓜（毛茛目 / 木通科 / 野木瓜属）

大血藤（毛茛目／木通科／大血藤属）

八角莲（毛茛目／小檗科／鬼臼属）

三枝九叶草（毛茛目／小檗科／淫羊藿属）

阔叶十大功劳（毛茛目／小檗科／十大功劳属）

小果十大功劳（毛茛目／小檗科／十大功劳属）

禺毛茛（毛茛目／毛茛科／毛茛属）

猫爪草（毛茛目／毛茛科／毛茛属）

山木通（毛茛目／毛茛科／铁线莲属）

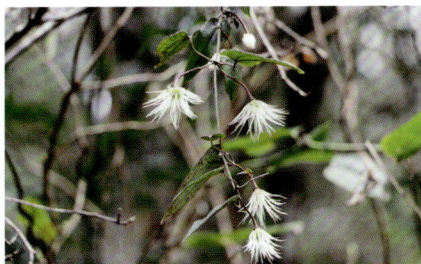

单叶铁线莲（毛茛目 / 毛茛科 / 铁线莲属）

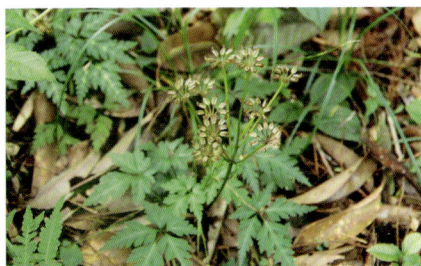

短萼黄连（毛茛目 / 毛茛科 / 黄连属）

尖叶唐松草（毛茛目 / 毛茛科 / 唐松草属）

蕨叶人字果（毛茛目 / 毛茛科 / 人字果属）

血水草（毛茛目 / 罂粟科 / 血水草属）

夏天无（毛茛目 / 罂粟科 / 紫堇属）

紫堇（毛茛目 / 罂粟科 / 紫堇属）

刻叶紫堇（毛茛目／罂粟科／紫堇属）

小花黄堇（毛茛目／罂粟科／紫堇属）

地锦苗（毛茛目／罂粟科／紫堇属）

网脉山龙眼（山龙眼目／山龙眼科／山龙眼属）

鄂西清风藤（山龙眼目／清风藤科／清风藤属）

革叶清风藤（山龙眼目／清风藤科／清风藤属）

灰背清风藤（山龙眼目／清风藤科／清风藤属）

清风藤（山龙眼目／清风藤科／清风藤属）

尖叶清风藤（山龙眼目／清风藤科／清风藤属）

红柴枝（山龙眼目／清风藤科／泡花树属）

板凳果（黄杨目／黄杨科／板凳果属）

蜡瓣花（虎耳草目／金缕梅科／蜡瓣花属）

秃蜡瓣花（虎耳草目／金缕梅科／蜡瓣花属）

长柄双花木（虎耳草目／金缕梅科／双花木属）

大果马蹄荷（虎耳草目／金缕梅科／马蹄荷属）

檵木（虎耳草目／金缕梅科／檵木属）

半枫荷（虎耳草目／蕈树科／半枫荷属）

交让木（虎耳草目／交让木科／虎皮楠属）

虎皮楠（虎耳草目／交让木科／虎皮楠属）

大叶火焰草（虎耳草目／景天科／景天属）

凹叶景天（虎耳草目／景天科／景天属）

肾萼金腰（虎耳草目／虎耳草科／金腰属）

柔毛金腰（虎耳草目／虎耳草科／金腰属）

虎耳草（虎耳草目／虎耳草科／虎耳草属）

黄水枝（虎耳草目／虎耳草科／黄水枝属）

广东蛇葡萄（葡萄目／葡萄科／蛇葡萄属）

显齿蛇葡萄（葡萄目／葡萄科／蛇葡萄属）

乌蔹莓（葡萄目／葡萄科／乌蔹莓属）

俞藤（葡萄目／葡萄科／俞藤属）

酢浆草（酢浆草目／酢浆草科／酢浆草属）

红花酢浆草（酢浆草目／酢浆草科／酢浆草属）

黄花酢浆草（酢浆草目／酢浆草科／酢浆草属）

褐毛杜英（酢浆草目／杜英科／杜英属）

猴欢喜（酢浆草目／杜英科／猴欢喜属）

东方古柯（金虎尾目／古柯科／古柯属）

木竹子（金虎尾目／藤黄科／藤黄属）

如意草（金虎尾目／堇菜科／堇菜属）

深圆齿堇菜（金虎尾目／堇菜科／堇菜属）

七星莲（金虎尾目／堇菜科／堇菜属）

柔毛堇菜（金虎尾目／堇菜科／堇菜属）

福建堇菜（金虎尾目 / 堇菜科 / 堇菜属）

紫花地丁（金虎尾目 / 堇菜科 / 堇菜属）

垂柳（金虎尾目 / 杨柳科 / 柳属）

山桐子（金虎尾目 / 大风子科 / 山桐子属）

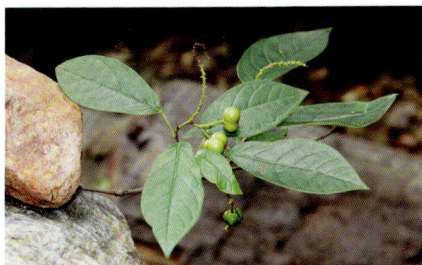

白木乌桕（金虎尾目 / 大戟科 / 白木乌桕属）

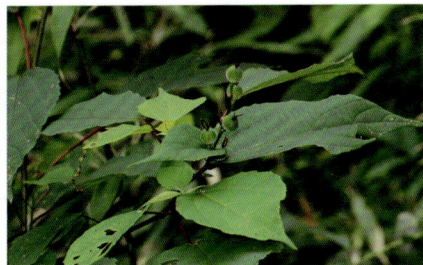

红背山麻秆（金虎尾目 / 大戟科 / 山麻秆属）

油桐（金虎尾目 / 大戟科 / 油桐属）

算盘子（金虎尾目 / 叶下珠科 / 算盘子属）

日本五月茶（金虎尾目／叶下珠科／五月茶属）

异药花（桃金娘目／野牡丹科／异药花属）

过路惊（桃金娘目／野牡丹科／鸭脚茶属）

锦香草（桃金娘目／野牡丹科／锦香草属）

锐尖山香圆（樱子木目／省沽油科／山香圆属）

瘿椒树（樱子木目／省沽油科／瘿椒树属）

野鸦椿（樱子木目／省沽油科／野鸦椿属）

中国旌节花（樱子木目／旌节花科／旌节花属）

木蜡树（无患子目／漆树科／漆属）

紫果槭（无患子目／无患子科／槭属）

青榨槭（无患子目／无患子科／槭属）

七叶树（无患子目／无患子科／七叶树属）

楝（芸香目／楝科／楝属）

吴茱萸（芸香目／芸香科／吴茱萸属）

飞龙掌血（芸香目／芸香科／飞龙掌血属）

竹叶花椒（芸香目／芸香科／花椒属）

北江荛花（锦葵目／瑞香科／荛花属）

白花荛花（锦葵目／瑞香科／荛花属）

毛瑞香（锦葵目／瑞香科／瑞香属）

伯乐树（十字花目／叠珠树科／伯乐树属）

白车轴草（豆目／豆科／车轴草属）

山葛（豆目／豆科／葛属）

紫云英（豆目／豆科／黄芪属）

亮叶鸡血藤（豆目／豆科／鸡血藤属）

庭藤（豆目/豆科/木蓝属）

云实（豆目/豆科/云实属）

黄花倒水莲（豆目/远志科/远志属）

狭叶香港远志（豆目/远志科/远志属）

曲江远志（豆目/远志科/远志属）

钟花樱（蔷薇目/蔷薇科/李属）

尾叶樱桃（蔷薇目/蔷薇科/李属）

迎春樱桃（蔷薇目/蔷薇科/李属）

山樱花（蔷薇目／蔷薇科／李属）

腺叶桂樱（蔷薇目／蔷薇科／桂樱属）

台湾林檎（蔷薇目／蔷薇科／苹果属）

湖北海棠（蔷薇目／蔷薇科／苹果属）

小柱悬钩子（蔷薇目／蔷薇科／悬钩子属）

山莓（蔷薇目／蔷薇科／悬钩子属）

高粱泡（蔷薇目／蔷薇科／悬钩子属）

茅莓（蔷薇目／蔷薇科／悬钩子属）

黄泡（蔷薇目／蔷薇科／悬钩子属）

锈毛莓（蔷薇目／蔷薇科／悬钩子属）

木莓（蔷薇目／蔷薇科／悬钩子属）

水榆花楸（蔷薇目／蔷薇科／花楸属）

石灰花楸（蔷薇目／蔷薇科／花楸属）

中华绣线菊（蔷薇目／蔷薇科／绣线菊属）

粉花绣线菊（蔷薇目／蔷薇科／绣线菊属）

褐毛石楠（蔷薇目／蔷薇科／石楠属）

小叶石楠（蔷薇目／蔷薇科／石楠属）

蛇莓（蔷薇目／蔷薇科／蛇莓属）

宜昌胡颓子（蔷薇目／胡颓子科／胡颓子属）

葎草（蔷薇目／大麻科／葎草属）

长叶冻绿（蔷薇目／鼠李科／鼠李属）

糯米团（蔷薇目／荨麻科／糯米团属）

赤车（蔷薇目／荨麻科／赤车属）

冷水花（蔷薇目／荨麻科／冷水花属）

楼梯草（蔷薇目／荨麻科／楼梯草属）

栝楼（葫芦目／葫芦科／栝楼属）

美丽秋海棠（葫芦目／秋海棠科／秋海棠属）

紫背天葵（葫芦目／秋海棠科／秋海棠属）

中华秋海棠（葫芦目／秋海棠科／秋海棠属）

锥栗（壳斗目／壳斗科／栗属）

板栗（壳斗目／壳斗科／栗属）

茅栗（壳斗目 / 壳斗科 / 栗属）

甜槠（壳斗目 / 壳斗科 / 锥属）

栲（壳斗目 / 壳斗科 / 锥属）

鹿角锥（壳斗目 / 壳斗科 / 锥属）

苦槠（壳斗目 / 壳斗科 / 锥属）

饭甑青冈（壳斗目 / 壳斗科 / 青冈属）

青冈（壳斗目 / 壳斗科 / 青冈属）

多脉青冈（壳斗目 / 壳斗科 / 青冈属）

小叶青冈（壳斗目／壳斗科／青冈属）

曼青冈（壳斗目／壳斗科／青冈属）

云山青冈（壳斗目／壳斗科／青冈属）

米心水青冈（壳斗目／壳斗科／水青冈属）

水青冈（壳斗目／壳斗科／水青冈属）

港柯（壳斗目／壳斗科／柯属）

木姜叶柯（壳斗目／壳斗科／柯属）

栎叶柯（壳斗目／壳斗科／柯属）

滑皮柯（壳斗目／壳斗科／柯属）

杨梅（壳斗目／杨梅科／杨梅属）

青钱柳（壳斗目／胡桃科／青钱柳属）

黄杞（壳斗目／胡桃科／黄杞属）

枫杨（壳斗目／胡桃科／枫杨属）

雷公鹅耳枥（壳斗目／桦木科／鹅耳枥属）

江南桤木（壳斗目／桦木科／桤木属）

槲寄生（檀香目／檀香科／槲寄生属）

金荞麦（石竹目 / 蓼科 / 荞麦属）

头花蓼（石竹目 / 蓼科 / 蓼属）

尼泊尔蓼（石竹目 / 蓼科 / 蓼属）

雀舌草（石竹目 / 石竹科 / 繁缕属）

繁缕（石竹目 / 石竹科 / 繁缕属）

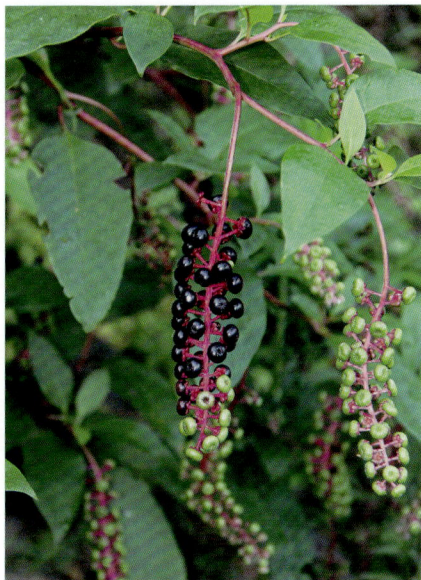

蓝果树（山茱萸目 / 蓝果树科 / 蓝果树属）

垂序商陆（石竹目 / 商陆科 / 商陆属）

瓜木（山茱萸目／山茱萸科／八角枫属）

尖叶四照花（山茱萸目／山茱萸科／山茱萸属）

香港四照花（山茱萸目／山茱萸科／山茱萸属）

中国绣球（山茱萸目／绣球花科／绣球属）

柳叶绣球（山茱萸目／绣球花科／绣球属）

蜡莲绣球（山茱萸目／绣球花科／绣球属）

睫毛萼凤仙花（杜鹃花目／凤仙花科／
凤仙花属）

鸭跖草状凤仙花（杜鹃花目／凤仙花科／
凤仙花属）

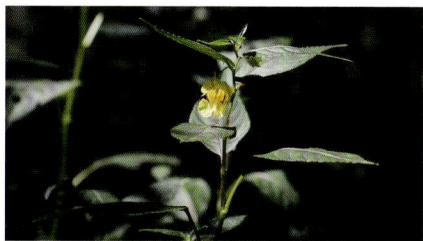

牯岭凤仙花（杜鹃花目 / 凤仙花科 /
凤仙花属）

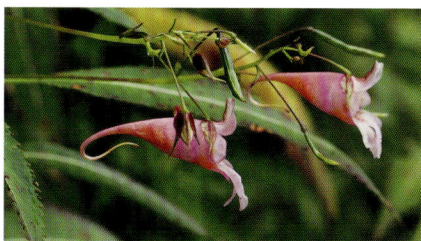

井冈山凤仙花（杜鹃花目 / 凤仙花科 /
凤仙花属）

黄金凤（杜鹃花目 / 凤仙花科 / 凤仙花属）

管茎凤仙花（杜鹃花目 / 凤仙花科 / 凤仙花属）

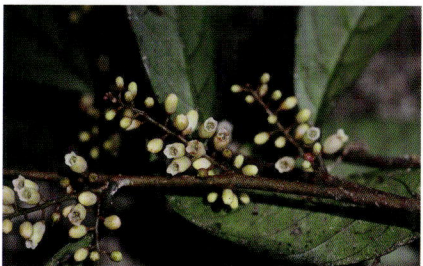

杜茎山（杜鹃花目 / 报春花科 / 杜茎山属）

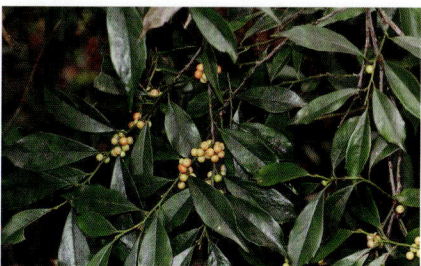

光叶铁仔（杜鹃花目 / 报春花科 / 铁仔属）

少年红（杜鹃花目 / 报春花科 / 紫金牛属）

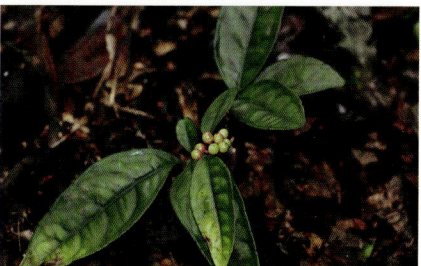

九管血（杜鹃花目 / 报春花科 / 紫金牛属）

硃砂根（杜鹃花目 / 报春花科 / 紫金牛属）

广西过路黄（杜鹃花目 / 报春花科 / 珍珠菜属）

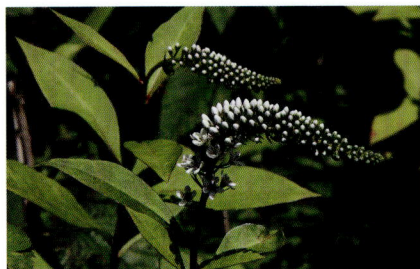

矮桃（杜鹃花目 / 报春花科 / 珍珠菜属）

临时救（杜鹃花目 / 报春花科 / 珍珠菜属）

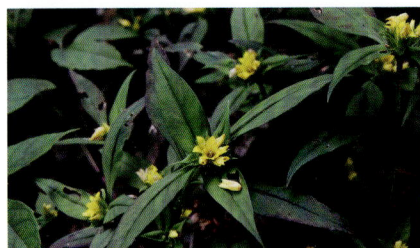

五岭管茎过路黄（杜鹃花目 / 报春花科 / 珍珠菜属）

浙江红山茶（杜鹃花目 / 山茶科 / 山茶属）

山茶（杜鹃花目 / 山茶科 / 山茶属）

茶（杜鹃花目 / 山茶科 / 山茶属）

茶梨（杜鹃花目／山茶科／茶梨属）

厚皮香（杜鹃花目／五列木科／厚皮香属）

厚叶厚皮香（杜鹃花目／五列木科／厚皮香属）

尖萼厚皮香（杜鹃花目／五列木科／厚皮香属）

厚叶红淡比（杜鹃花目／五列木科／红淡比属）

尖萼毛柃（杜鹃花目／五列木科／柃木属）

细枝柃（杜鹃花目／五列木科／柃木属）

单耳柃（杜鹃花目／五列木科／柃木属）

光叶山矾（杜鹃花目 / 山矾科 / 山矾属）

铁山矾（杜鹃花目 / 山矾科 / 山矾属）

老鼠矢（杜鹃花目 / 山矾科 / 山矾属）

山矾（杜鹃花目 / 山矾科 / 山矾属）

白檀（杜鹃花目 / 山矾科 / 山矾属）

黄牛奶树（杜鹃花目 / 山矾科 / 山矾属）

微毛山矾（杜鹃花目 / 山矾科 / 山矾属）

赤杨叶（杜鹃花目 / 安息香科 / 赤杨叶属）

银钟花（杜鹃花目／安息香科／银钟花属）

小叶白辛树（杜鹃花目／安息香科／白辛树属）

白花龙（杜鹃花目／安息香科／安息香属）

野茉莉（杜鹃花目／安息香科／安息香属）

异色猕猴桃（杜鹃花目／猕猴桃科／猕猴桃属）

中华猕猴桃（杜鹃花目／猕猴桃科／猕猴桃属）

毛花猕猴桃（杜鹃花目／猕猴桃科／猕猴桃属）

灯笼树（杜鹃花目／杜鹃花科／吊钟花属）

吊钟花（杜鹃花目／杜鹃花科／吊钟花属）

齿缘吊钟花（杜鹃花目／杜鹃花科／吊钟花属）

小果珍珠花（杜鹃花目／杜鹃花科／珍珠花属）

毛果珍珠花（杜鹃花目／杜鹃花科／珍珠花属）

水晶兰（杜鹃花目／杜鹃花科／水晶兰属）

马醉木（杜鹃花目／杜鹃花科／马醉木属）

云锦杜鹃（杜鹃花目／杜鹃花科／杜鹃属）

井冈山杜鹃（杜鹃花目／杜鹃花科／杜鹃属）

江西杜鹃（杜鹃花目／杜鹃花科／杜鹃属）

鹿角杜鹃（杜鹃花目／杜鹃花科／杜鹃属）

满山红（杜鹃花目／杜鹃花科／杜鹃属）

羊踯躅（杜鹃花目／杜鹃花科／杜鹃属）

马银花（杜鹃花目／杜鹃花科／杜鹃属）

杜鹃花（杜鹃花目／杜鹃花科／杜鹃属）

长蕊杜鹃（杜鹃花目／杜鹃花科／杜鹃属）

背绒杜鹃（杜鹃花目／杜鹃花科／杜鹃属）

南烛（杜鹃花目／杜鹃花科／越橘属）

短尾越橘（杜鹃花目／杜鹃花科／越橘属）

江南越橘（杜鹃花目／杜鹃花科／越橘属）

滇白珠（杜鹃花目／杜鹃花科／白珠属）

杜仲（丝缨花目／杜仲科／杜仲属）

短刺虎刺（龙胆目／茜草科／虎刺属）

虎刺（龙胆目／茜草科／虎刺属）

柳叶虎刺（龙胆目／茜草科／虎刺属）

栀子（龙胆目／茜草科／栀子属）

蔓虎刺（龙胆目／茜草科／蔓虎刺属）

日本粗叶木（龙胆目／茜草科／粗叶木属）

榄绿粗叶木（龙胆目／茜草科／粗叶木属）

玉叶金花（龙胆目／茜草科／玉叶金花属）

日本蛇根草（龙胆目／茜草科／蛇根草属）

多花茜草（龙胆目／茜草科／茜草属）

钩藤（龙胆目／茜草科／钩藤属）

狗骨柴（龙胆目／茜草科／狗骨柴属）

獐牙菜（龙胆目／龙胆
科／獐牙菜属）

双蝴蝶（龙胆目／龙胆科／双蝴蝶属）

牛皮消（龙胆目／夹竹
桃科／鹅绒藤属）

地梢瓜（龙胆目／夹竹桃科／鹅绒藤属）

牛奶菜（龙胆目／夹竹桃科／牛奶菜属）

紫花络石（龙胆目／夹竹桃科／络石属）

络石（龙胆目 / 夹竹桃科 / 络石属）

金灯藤（茄目 / 旋花科 / 菟丝子属）

海桐叶白英（茄目 / 茄科 / 茄属）

浙赣车前紫草（紫草目 / 紫草科 / 车前紫草属）

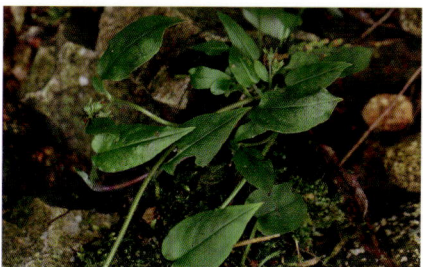

车前紫草（紫草目 / 紫草科 / 车前紫草属）

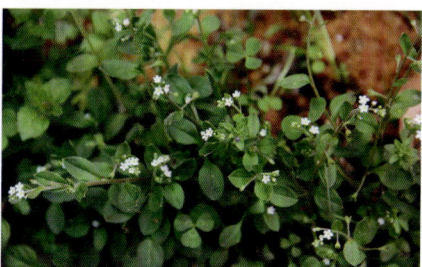

弯齿盾果草（紫草目 / 紫草科 / 盾果草属）

白蜡树（唇形目 / 木犀科 / 梣属）

苦枥木（唇形目 / 木犀科 / 梣属）

蚂蝗七（唇形目／苦苣苔科／唇柱苣苔属）

羽裂唇柱苣苔（唇形目／苦苣苔科／唇柱苣苔属）

吊石苣苔（唇形目／苦苣苔科／吊石苣苔属）

贵州半蒴苣苔（唇形目／苦苣苔科／半蒴苣苔属）

江西半蒴苣苔（唇形目／苦苣苔科／半蒴苣苔属）

窄叶马铃苣苔（唇形目／苦苣苔科／马铃苣苔属）

长瓣马铃苣苔（唇形目／苦苣苔科／马铃苣苔属）

华中婆婆纳（唇形目／车前科／婆婆纳属）

蚊母草（唇形目／车前科／婆婆纳属）

婆婆纳（唇形目／车前科／婆婆纳属）

醉鱼草（唇形目／玄参科／醉鱼草属）

白接骨（唇形目／爵床科／白接骨属）

荆条（唇形目／唇形科／牡荆属）

邻近风轮菜（唇形目／唇形科／风轮菜属）

腋花黄芩（唇形目／唇形科／黄芩属）

韩信草（唇形目／唇形科／黄芩属）

活血丹（唇形目 / 唇形科 / 活血丹属）

筋骨草（唇形目 / 唇形科 / 筋骨草属）

金疮小草（唇形目 / 唇形科 / 筋骨草属）

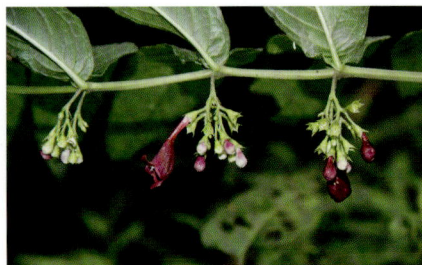

毛药花（唇形目 / 唇形科 / 毛药花属）

南丹参（唇形目 / 唇形科 / 鼠尾草属）

出蕊四轮香（唇形目 / 唇形科 / 四轮香属）

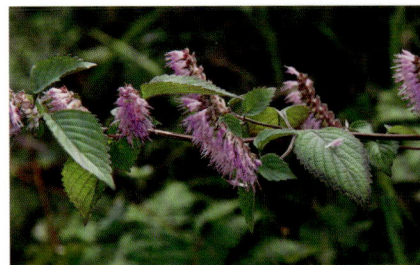

紫花香薷（唇形目 / 唇形科 / 香薷属）

匍茎通泉草（唇形目 / 通泉草科 / 通泉草属）

台湾泡桐（唇形目／泡桐科／泡桐属）

圆苞山罗花（唇形目／列当科／山罗花属）

硬叶冬青（冬青目／冬青科／冬青属）

广东冬青（冬青目／冬青科／冬青属）

矮冬青（冬青目／冬青科／冬青属）

小果冬青（冬青目／冬青科／冬青属）

落霜红（冬青目／冬青科／冬青属）

绿冬青（冬青目／冬青科／冬青属）

金钱豹（菊目／桔梗科／金钱豹属）

轮钟花（菊目／桔梗科／轮钟草属）

羊乳（菊目／桔梗科／党参属）

半边莲（菊目／桔梗科／半边莲属）

江南山梗菜（菊目／桔梗科／半边莲属）

铜锤玉带草（菊目／桔梗科／半边莲属）

珠光香青（菊目／菊科／香青属）

鼠麴草（菊目／菊科／鼠麴草属）

千里光（菊目／菊科／千里光属）

一枝黄花（菊目／菊科／一枝黄花属）

牛膝菊（菊目／菊科／牛膝菊属）

海金子（伞形目／海桐花科／海桐属）

树参（伞形目／五加科／树参属）

穗序鹅掌柴（伞形目／五加科／鹅掌柴属）

常春藤（伞形目／五加科／常春藤属）

变豆菜（伞形目／伞形科／变豆菜属）

南方荚蒾（川续断目／五福花科／荚蒾属）

蝴蝶戏珠花（川续断目／五福花科／荚蒾属）

茶荚蒾（川续断目／五福花科／荚蒾属）

接骨木（川续断目／五福花科／接骨木属）

锈毛忍冬（川续断目／忍冬科／忍冬属）

忍冬（川续断目／忍冬科／忍冬属）

金银忍冬（川续断目／忍冬科／忍冬属）

下江忍冬（川续断目／忍冬科／忍冬属）